Günter Hensel

# Schiffsmodelle selbst gebaut

Vom Kiel bis zur Mastspitze – So geht's!

# Schiffsmodelle selbst gebaut

Vom Kiel bis zur Mastspitze – So geht's

**Günter Hensel**

Verlag für Technik und Handwerk neue Medien GmbH
Baden-Baden

vth -Fachbuch
Best.-Nr.: 3102253

Redaktion: Oliver Bothmann

**Bibliografische Information der Deutschen Nationalbibliothek:**
Die Deutsche Nationalbibliothek verzeichnet diese Publikation in der Deutschen Nationalbibliografie; detaillierte bibliografische Daten sind im Internet über http://dnb.d-nb.de abrufbar.

ISBN 978-3-88180-468-4


Printed in Germany
Druck: ColorDruck Solutions GmbH, 69181 Leimen/Germany

# Inhaltsverzeichnis

# Widmung

Meinem leider viel zu früh verstorbenen Freund Lothar Hildebrand – er war ein „Pfundskerl“!

Lothar Hildebrand †

# Danksagung

Ich bedanke mich bei meiner Familie für das Verständnis, bei der Redaktion und dem Verlag für den Glauben an meine Arbeit. Mein Dank gilt auch meinen Freunden Friedhelm Luther, Peter Hübner, Holger Schultze und Wolfgang Niebergall, mit denen ich viele schöne Modellbaustunden verbringen durfte und deren Fotos ich verwenden konnte.

Gute Freunde – von links nach rechts: Friedhelm Luther, Peter Hübner und der Autor

# Über den Autor

Günter Hensel hat inzwischen das halbe Jahrhundert vollendet und lebt mit seiner Familie im Süden Deutschlands in der Nähe von Augsburg.

Das erste ferngesteuerte Modell kaufte der Autor sich vom ersten Gehalt 1980 – ein ferngesteuertes Auto. Ab da folgten unzählige Modelle – hauptsächlich Schiffe.

Der Autor beim Vorbereiten der selbst gebauten Hafenanlage auf dem Treffen im Sportbad in Friedrichroda/Thüringen

Nach einer längeren Phase der Power-Boote infizierte er sich im Jahr 2004 dann mit dem „U-Boot-Virus". Der Bereich des Schiffsmodellbaus wurde und wird in fast allen Bereichen abgedeckt. Es wird alles gebaut, was Spaß macht und vor allem eine Herausforderung darstellt – egal ob mit Dampf, Verbrenner oder Elektromotor. Auch die Größen variieren immer wieder. Vom 1:100-Schlepper mit 15 cm Länge bis zum großen Pott mit über 2 Metern, gebaut wird, was Spaß macht. Der Trend geht zu immer größeren Modellen, obwohl die Bandscheiben eigentlich etwas dagegen haben.

Günter Hensel betreibt den Modellbau nicht nur zum Selbstzweck, sondern fördert vor allem den Nachwuchs, speziell die Jugend. Als Werklehrer in einer bayerischen Mittelschule ist die Arbeitsgemeinschaft Modellbau fester Teil des Stundenplans und bringt Lehrern und Schülern neben technischen Fertigkeiten auch sehr viel Spaß.

Nach mehreren Übersetzungen, Lektoraten und Artikeln für den VTH schrieb er nach dem Buch: „Modell-U-Boote" (Best.-Nr. 3102230) nun das vorliegende Buch.

# Vorwort

Heutzutage noch alles selber bauen? Es gibt doch alles fertig zu kaufen! Auf den Messen muss man Bausätze zwischen den vielen RTR-Modellen geradezu suchen. RTR heißt ready to run – so viel wie: fahrfertig. Das hat für eilige, bauunwillige oder Anfänger ganz sicher seine Berechtigung. Es kann und will nicht jeder Interessierte Zeit und Aufwand investieren, bevor es an den See geht.

Und nachdem wir dieses Hobby für unser Vergnügen und als angenehme Beschäftigung betreiben (manche vergessen das, vor allem in Vereinen!), kann jeder selbst entscheiden und braucht sich nicht zu rechtfertigen. Jedem das Seine! Alles kann, nichts muss …

Es gibt viele Modellbauer, für die der Weg das Ziel ist. Ich persönlich kenne einige, die lieber bauen statt fahren. Standmodelle bieten sich hier an. Kein Aufwand für Antrieb, Steuerung und wasserdichte Ausführung, dafür mehr Zeit und Nerven für die vielen Details. Für mich ist die Verbindung von beidem das Optimum beim Schiffsmodellbau. Der Spieltrieb kann voll ausgelebt werden!

Der Selbstbau bietet viele Vorteile. Ich kann viel freier entscheiden, wie ein Modell aussehen soll (ich gehe auf keinen Fall zu Baubewertungen), ich liebe Herausforderungen wie das Lösen von Funktions- oder Bauproblemen. Und ich kann viele Materialien nutzen, die wenig oder gar nichts kosten – Verpackungen als Scheiben, Holzreste (ich liebe Holz als Baumaterial) usw. Mir bringt der (weitgehend) komplette Selbstbau mehr Zufriedenheit, Erfolg macht Spaß. Wenn die Modelle auf Ausstellungen, Treffen usw. gezeigt werden, hört man sich lieber sagen: „Habe ich selbst gebaut." Wie klingt dagegen auch: „Habe ich selbst gekauft!"…

Nein, wir brauchen in diesem Buch keine CNC-Fräse mit aufwändiger Software für Tausende von Euros, um 3D-Drucker machen wir einen Riesenbogen – wir bauen selbst! Und darauf sind wir stolz. Nichts gegen die genannten High-Tech-Maschinen, Hut ab, wer die gut beherrscht. Aber sie lohnen sich für unsere Projekte kaum und das Geld können wir in andere Dinge investieren. Es gilt ja auch, die Ehefrau und die Familie bei Laune zu halten, während wir im Keller verschwinden …

Nicht zuletzt klagen wir in Deutschland über Fachkräftemangel, fehlende handwerkliche Kenntnisse der Jugendlichen, von den fehlenden „Softskills" (Schlüsselqualifikationen) wie Geduld, Ausdauer, Vollendungswillen, vernetztes Denken, Teamarbeit usw. wird ja viel geredet. All dies gibt es quasi beim Selbstbau gratis dazu. Deshalb bei mir und in der Schule in meiner Arbeitsgemeinschaft Modellbau: „Wir bauen noch selbst!"

Vollständig kann die Aufzählung der vielen Aspekte beim Selbstbau von Schiffsmodellen in diesem Buch natürlich nicht sein, zu viele Bereiche könnte man beschreiben. Ich hielt mich an meine eigenen Erfahrungen und es gibt sicherlich viele Leser, die das eine oder andere Kapitel dazu beitragen könnten. Teilen Sie es anderen mit, welche Erfahrungen Sie gemacht haben. Die Zeitschrift MODELLWERFT bringt ständig Artikel über interessante Dinge zum Schiffsmodellbau, die andere inspirieren können. Oder Sie schreiben die Fortsetzung dieses Buches – ich verspreche Ihnen, dass ich es lesen werde.

Sie liebe Leser lade ich ein, sich aufgrund der Lektüre dieses Buches auch einmal am Selbstbau zu versuchen, sich inspirieren zu lassen oder als Fortgeschrittener vielleicht einige Tipps mitzunehmen. In jedem Fall: Viel Spaß dabei!

**Pläne für Schiffsmodelle gibt es bei verschiedenen Anbietern. Hier ein verkleinertes Beispiel für einen Schlepper aus dem Programm des VTH (Bestellnummer des Originalplans 3204166; www.vth.de)**

# Kapitel 1:
# Auswahl des Modells – Vorbilder

Mein Tipp: als erstes Bauprojekt für den Selbstbau ein Arbeitsschiff wählen. Das hat mehrere Vorteile. Die Rümpfe können in der Regel in Spantbauweise und aus Holz erstellt werden. Das Gewicht spielt kaum eine Rolle, sodass zusätzlicher Spachtel auf dem Rumpf zum Kaschieren einer Delle kein Beinbruch ist. Arbeitsschiffe „arbeiten“, sind also ständigem Verschleiß unterworfen, so dass die Lackierung nicht werftneu aussehen muss, kleinere Kratzer und Dellen nachlackiert werden können und wenn die dabei verwendeten Farben einen etwas anderen Ton als die Umgebung haben, sieht das sogar authentisch aus. Arbeitsschiffe verzeihen Baufehler leichter als hochglanzlackierte Megayachten. Zudem können die Schlepper, Kutter, Frachter, Tanker usw. mit vielen Funktionen ausgestattet werden und es kann dem Spieltrieb nachgegeben werden. Vom fallenden Anker über funktionierende Kräne bis zur vielfältigen nautischen und auf den Decks erforderlichen Beleuchtung ist vieles bis alles möglich. Auch darauf wird in diesem Buch eingegangen – natürlich möglichst viel selbstgebaut.

Unterlagen über die Vorbilder bekommt man auf vielfältige Weise. Zu jedem Vorbild oder Modell existiert irgendwo (im Internet) eine CD oder DVD mit vielen Fotos des Originals. Die Werften oder die Schiffsbesatzungen geben oft bereitwillig Auskunft. Man kann mit etwas Glück sein „Traummodell-Vorbild“ auch selbst im Hafen fotografieren.

Auch ein Vorbild, ein alter Hafenkran in Ancona

Ich habe in Häfen immer meine Kamera dabei und lichte alles ab, was mir interessant erscheint. Bei unserem letzten Urlaub auf Korfu hatte es mir beim Warten auf die Fähre in Ancona einer der dortigen Hafenkräne angetan. Da ignoriert man am besten das Unverständnis der „besseren Hälfte“ oder der Umstehenden.

Teilweise haben sich auch Modellbauer die Erlaubnis zum Betreten des Schiffes besorgt und sind mit Kamera und Meterstab stundenlang auf den Booten/Schiffen herumgeklettert. Mit dabei ist in der Regel der Meterstab, der immer mit aufs Foto kommt. So kann man später Maße und Dimensionen leicht umrechnen.

Mehr oder weniger detaillierte Pläne sollten von dem Modell, das man bauen will, schon vorhanden sein. Einfach „ins Blaue hinein“ zu bauen macht kaum Sinn und führt oft zu Frust und Enttäuschung, wenn z. B. die Proportionen nicht passen.

Modellbaupläne bietet z. B. der VTH in großem Sortiment an. Von einfachen Modellen (günstige Pläne) bis zu komplizierten mehrbögigen Detailplänen (meist etwas teurer) ist alles zu bekommen. Und damit man die Katze nicht im Sack kauft, kann man sich beim VTH einige Pläne auf eine der vielen Messen in Deutschland mitbringen lassen, dort ansehen und ohne Kaufverpflichtung in Ruhe prüfen, ob man damit auch zurechtkommt. Modellbaupläne sind so gezeichnet, dass sich in der Regel auch Nicht-Technische-Zeichner auskennen und die Zeichnungen interpretieren können.

Werftpläne, die alle Details des Vorbildes enthalten, sind viel komplizierter und etwas für die Profis – was wir durchaus werden können. Zudem kommt man nicht immer so leicht an sie ran, da die Werften ihre Konstruktionen vor unberechtigtem Zugriff der Konkurrenz schützen wollen und müssen.

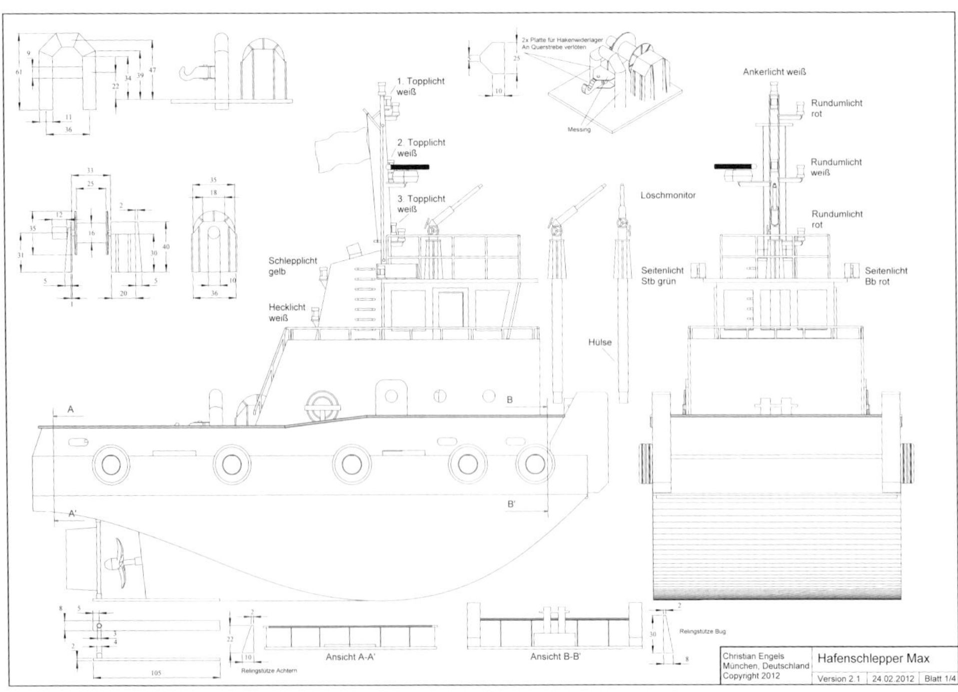

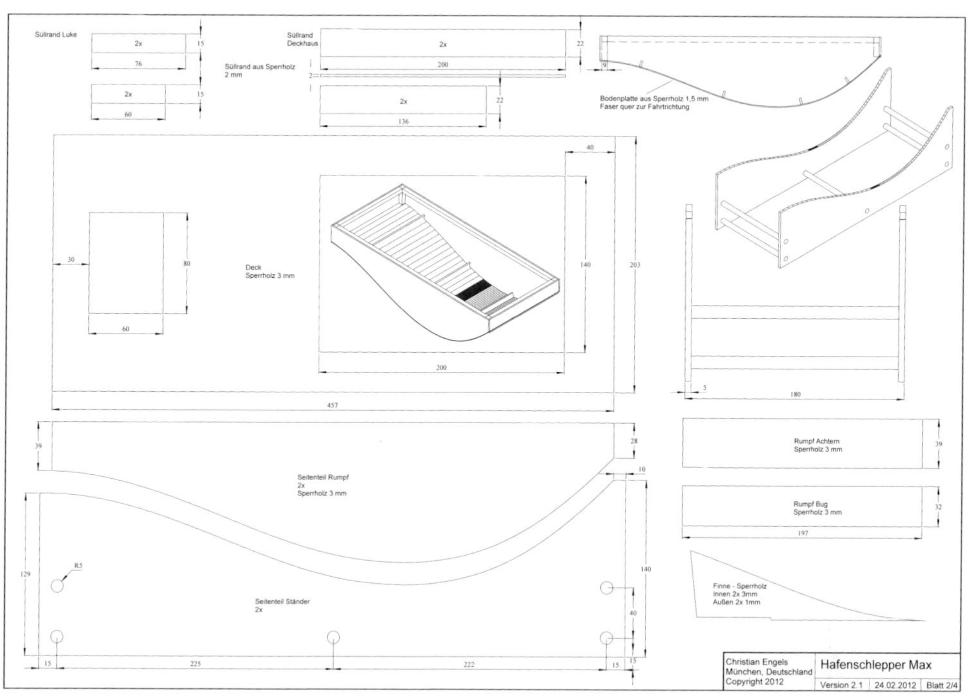
Süllrand Luke
Süllrand Deckhaus
Süllrand aus Sperrholz 2 mm
Bodenplatte aus Sperrholz 1,5 mm
Faser quer zur Fahrtrichtung
Deck
Sperrholz 3 mm
Rumpf Achtern
Sperrholz 3 mm
Rumpf Bug
Sperrholz 3 mm
Seitenteil Rumpf
2x
Sperrholz 3 mm
Seitenteil Ständer
2x
Finne - Sperrholz
Innen 2x 3mm
Außen 2x 1mm
Christian Engels
München, Deutschland
Copyright 2012
Hafenschlepper Max
Version 2.1
24.02.2012
Blatt 2/4

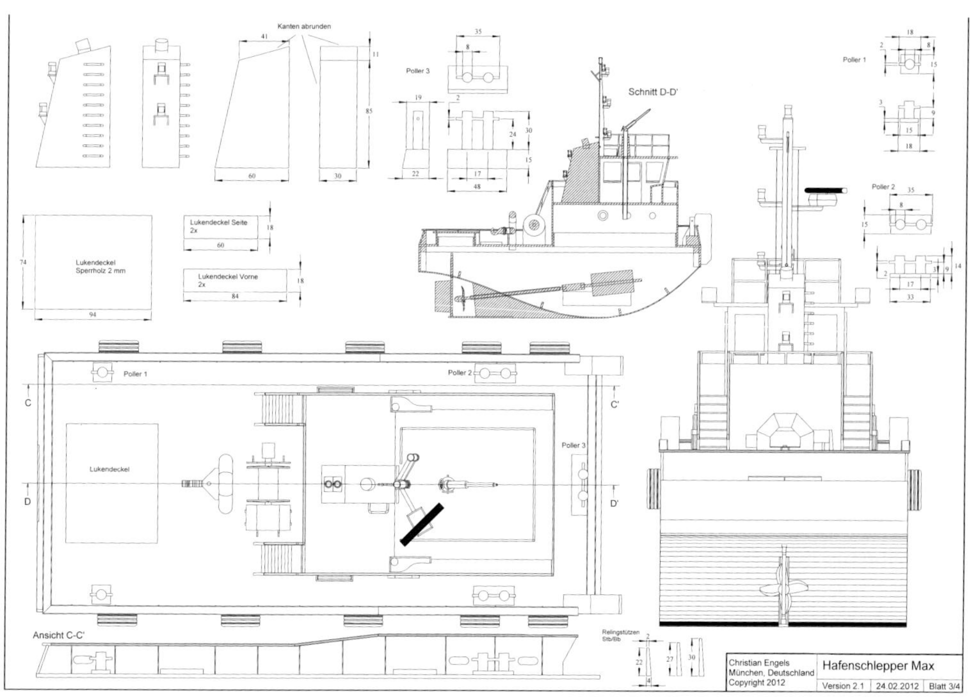
Kanten abrunden
Poller 3
Schnitt D-D'
Poller 1
Poller 2
Lukendeckel Seite
2x
Lukendeckel
Sperrholz 2 mm
Lukendeckel Vorne
2x
Lukendeckel
Ansicht C-C'
Relingstützen
Stb/Bb
Christian Engels
München, Deutschland
Copyright 2012
Hafenschlepper Max
Version 2.1
24.02.2012
Blatt 3/4

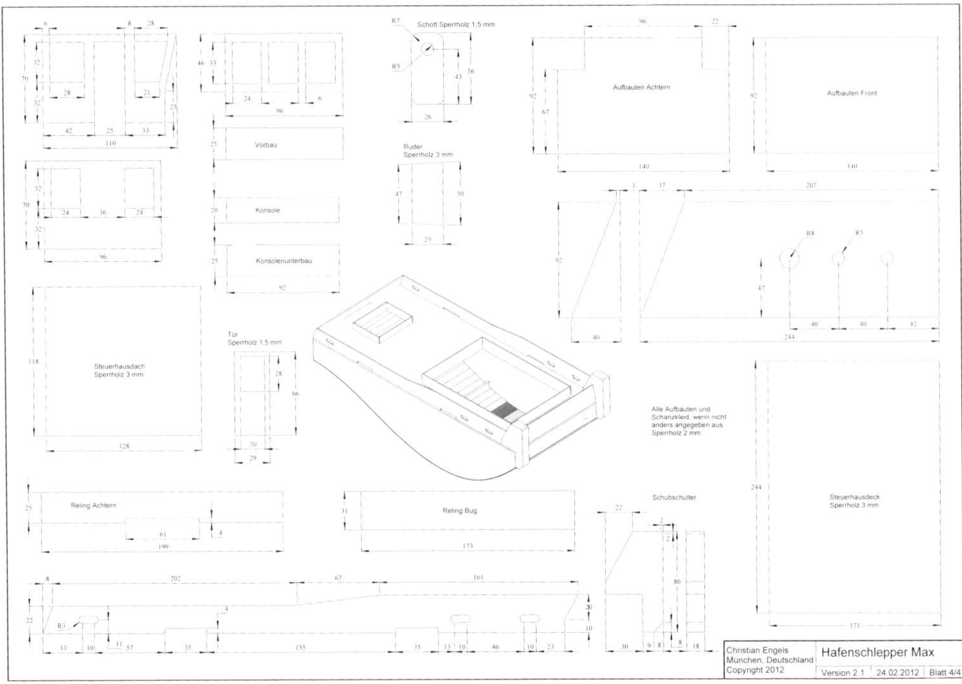


Wie überall gilt natürlich auch für uns: beginnen mit einem einfachen Modell! Was sich so klar liest, ist aber in der Praxis nicht so einfach einzuhalten. Zu groß ist die Verlockung ein auf einer Messe oder beim letzten Schaufahren gesehenes Superschiff nachzubauen – man hat sich regelrecht verliebt in das Ding. Aber wenn dann Probleme auftreten, insbesondere mit der Größe, dem Umfang der Details – wir wollen ja das Meiste selbstmachen – wird das Projekt schnell zu umfangreich, zu unübersichtlich und der Modellbauer verliert den Spaß daran. Und Spaß soll es ja machen, dafür steht der Modellbau als Freizeitbeschäftigung.

So wählen wir zu Anfang am besten einen Schlepper, einen Fischkutter oder einen einfachen Frachter, die nicht zu klein sind (ab ca. 50 cm bis ca. 100 cm Länge). Wir besorgen uns Bauunterlagen (zweckmäßigerweise einen Modellbauplan) und entsprechende Fotos und Zeichnungen des Vorbildes.

Ein Modellbauer ohne den Zugriff auf das Internet ist die sprichwörtliche „arme Sau". Sorry, natürlich gibt es viele vorwiegend ältere Modellbauer, die ihr Handwerk perfekt beherrschen und keinen Computer zu Hause haben. Es lässt sich auch im Zeitalter der „Schiebebildschirme" per Post und Telefon kommunizieren und die Pläne finden dann auch den Weg zum Modellbauer.

Aber über den Internetzugang geht es halt viel schneller und wir haben viel mehr Möglichkeiten. Diverse Suchmaschinen halfen mir schon so oft, ein Detail auf einem der Vorbildfotos genau zu analysieren und dann auch vorbildgerecht nachzubauen. Für das Leitprojekt dieses Buches habe ich sogar sämtliche Maße und Spantformen im WWW gefunden und mit den unzähligen Fotos brauchbare Unterlagen zusammenstellen können. Eine Skizze oder auch genaue Konstruktion bekommt jeder mit einfachen Zeichenwerkzeugen hin. Eine Zeichenplatte tut es auch, es muss kein teures und kompliziertes CAD-Programm für den Computer sein.

# Der rote Faden in diesem Buch

Das in diesem Buch immer wieder als Beispiel herangezogene Modell ist ein sogenannter Opduwer – ein Modell eines holländischen Schleppers.

Angeregt durch die Begeisterung eines Vereinskameraden, der mit anderen Modellbauern der MBG Modellpiraten Greven-Emsdetten das Projekt „Opduwers Eleven“ (elf Modelle im Maßstab 1:6) auf die Beine gestellt hatte, beschloss ich spontan auch so ein „Ding“ zu bauen. Den angebotenen Fertigrumpf schlug ich aus, da ich zum einen in größerem Maßstab bauen wollte (in 1:4 komme ich auf 1,3 m Länge und gut 30 kg Gewicht) und zum anderen meinen bevorzugten Baustoff Holz für möglichst viel am Boot hernehmen mochte. Und natürlich wollte ich: selber bauen!

Der Original-Opduwer war ein kleiner Schlepper, der zum Ziehen und Schieben der Lastkähne in den holländischen Kanälen verwendet wurde. Er war zwischen 5 und 6 m lang und hatte in der Regel einen Einzylinder-Dieselmotor. Die kleinen Schiffe waren robust und nahezu unverwüstlich, sodass sich einige Exemplare bis heute erhalten haben. Er wurde in den 1930er Jahren und danach als „Zwischendurch-Projekt“ in verschiedenen Werften gebaut. Dabei wurde oft nur mit Kreide der Spantenriss auf den Werkstattboden gezeichnet und der Rumpf dann aus Stahlteilen geschweißt.

Das Original wird von einem Mann gesteuert, der im offenen Steuerstand hinter dem abgedeckten Motor steht. Der Auspuff ist meist umlegbar, sodass, wenn der Kapitän sich duckt, auch niedrige Brücken unterquert werden können. Ich schreibe mit Absicht in der Gegenwart, denn es hat sich in Holland

**Opduwer im Original**

eine regelrechte Szene entwickelt, die regelmäßige Treffen abhält. Dabei treten die Kleinen im Pfahlzugwettbewerb gegeneinander an oder nehmen an gemeinsamen Ausfahrten teil. Im Internet finden sich viele Informationen auf verschiedenen Websites zum Thema Opduwer.

Für meine (und vielleicht auch für Ihre) Zwecke bietet sich der Opduwer als Vorbild geradezu an. Er besitzt einen breiten, völligen Rumpf, der viel Gewicht verträgt, gut läuft und relativ leicht nachzubauen ist. Am Schiff brauchen wir nicht so viele Details, um das Modell gut aussehen zu lassen. Das spart uns Zeit und reduziert die Fehlversuche – wir bauen ja weitgehend selbst. Außerdem gab und gibt es den Opduwer in nahezu allen denkbaren Ausführungen und auch im Original nicht immer in exakter Bauqualität. Kaum ein Opduwer sieht heute wie der andere aus. Damit haben wir ein großes Potenzial an eigenen Ideen, die wir vorbildgerecht verwirklichen können. Egal ob Farbanstrich, „Maschinenhaus", Steuerstand usw. Es gibt im Modell nichts, was es im Original nicht gibt oder geben könnte. Für ein Selbstbauprojekt ideale Voraussetzungen – finde ich. Also frisch ans Werk!

# Kapitel 2:
# Werkstoffe für unsere Zwecke

Materialbeschaffung – Mein Tipp: Legen Sie eine Restekiste an, die nicht zu knapp bemessen sein sollte (oder mehrere). Gehen Sie mit offenen Augen durch den Alltag, nichts wird weggeworfen, was vielleicht noch mal gebraucht werden könnte (Jäger und Sammler). Kunststoffnetze von Orangen usw. geben mit ihrer rautenförmigen Struktur sehr gut ein sogenanntes Riffelblech (rutschfester Decksbelag aus strukturierten Metallplatten) wieder. Ausgediente oder billige Spielzeug-Schiffe/Autos usw. dienen uns als Teilespender. Auf alten Modellautos finden sich z. B. oft noch gute Reifen, die wir als Fender (Stoßdämpfer) für unseren Schlepper verwenden können. Auf Flohmärkten sind derlei Dinge für wenige Cent zu bekommen. Viele Kinder verkaufen dort ihr altes Spielzeug und sind froh, wenn Sie sich entsprechend großzügig zeigen. Sie sparen sich den teuren Kauf im Zubehörhandel und tun was für die Umwelt. Damit ist allen geholfen.

Spielzeug vom Flohmarkt können wir immer gebrauchen

Natürlich greifen wir auf die in Baumärkten und (wenn der Preis egal ist) in Modellbauläden angebotenen Halbzeuge zurück. Es geht auch zum Nulltarif. Machen Sie am 1. Januar einen Neujahrsspaziergang und nehmen Sie eine große Plastiktüte mit. Die vielen ausgebrannten Feuerwerksraketen, die wieder zur Erde zurückgekommen sind, bestehen aus teilweise schönen, geraden und sauberen Vierkantleisten. Die sind für unseren Zweck z. B. für die Decksunterkonstruktion ideal. Zudem leisten wir damit auch einen Beitrag zum Umweltschutz, wenn wir einen Teil des Mülls wegräumen.

Sehen Sie Ihren Wertstoffhof mit anderen Augen! Mit denen des Jägers und Sammlers. Elektronikschrott enthält vielleicht den einen oder anderen Schalter, im Möbelcontainer findet sich vielleicht eine schöne Sperrholzplatte oder im Metallschrottcontainer (eine wahre Fundgrube!) Metallprofile, Schrauben oder vielleicht sogar Buntmetallblechreste (wenn Sie schneller waren als das Personal). Da freut sich die Modellbaukasse. Allerdings dürfen die Arbeiter eigentlich nichts von den gesammelten Wertstoffen wieder abgeben. Das ist verboten. Ihnen bleibt also nur, ein gutes Verhältnis zu den Beschäftigten zu pflegen, an Weihnachten großzügig zu sein und vor allem freundlich. Falls das alles nichts hilft, können Sie auch die Leute ansprechen, die die Sachen bringen und darum bitten, bevor es in den Container geworfen wird. Aber das ist vielleicht nicht jedermanns Sache.

Gerade im Internet finden sich viele Firmen, die Halbzeuge aus Holz, Metall und Kunststoff für unsere Zwecke anbieten. Halbzeuge sind „halb fertige Erzeugnisse“, d. h. schon grob vorgefertigt. Genau richtig für uns, denn wir fällen natürlich keinen Baum selbst, sägen ihn auf und hobeln die Leisten. Der Markt bietet viele verschiedene Maße, Qualitäten und verschiedene Materialarten.

Materialbeschaffung im Wertstoffhof

# Holz

Wie schon erwähnt, verwenden wir Leisten in der Regel aus Kiefer in verschiedenen Formen. Von quadratisch, rechteckig bis rund oder Kombinationen daraus. Wir finden mit Sicherheit das richtige Teil.

Der Vorrat an Leisten kann nie groß genug sein

Interessant und zeitsparend sind auch die hochwertigen Edelholzleisten, die für die Beplankung des Decks oder für edle Holzverkleidungen von Mahagonibooten oder Armaturenbrettern verwendet werden. Hier handelt es sich um bis zur Dicke von 0,5 mm dünn geschnittene Furnierstreifen, die selbst kaum oder nur sehr schwer herzustellen sind.

An Plattenmaterial verwenden wir die wiederum in verschiedenen Stärken erhältlichen Sperrhölzer. Sperrholz besteht aus mindestens drei dünnen Furnierplatten, die von der Maserung gesehen im 90°-Winkel verleimt sind. Somit „sperren" sich die Schichten gegenseitig und verhindern (weitgehend) ein Verziehen der Platte.

Vom sogenannten Flugzeugsperrholz mit einer minimalen Dicke von 0,6 mm (manchmal auch darunter) bis zu den gängigen Platten mit 4, 6 oder 10 mm Stärke bekommt man bereits im nächsten Baumarkt eine große Auswahl. Achten Sie auf astfreie Ware, die ohne größeren Ausschuss verwendet werden kann. Platten, die sich bereits beim Einkauf verziehen oder wellen, lassen wir getrost liegen. Kaufen Sie keine Sperrholzpakete, die so schön eingeschweißt sind.

Im Wertstoffhof findet sich auch manch brauchbare Holzplatte

Nach dem Auspacken biegen sich diese in der Regel erheblich. Prüfen Sie die Platten auf geraden Zustand und achten Sie auf Sonderangebote für Reste (Sperrholz kann man immer brauchen!).

Wer lieber recycelt, der kann auch dünne Rückwände von alten Schränken verwenden, aber bitte nur das Sperrholz. Die gelegentlich verbauten Spanplatten-Rückwände sind zu schwer.

Wasserfestes Sperrholz, die sogenannten Siebdruckplatten bekommt man auch in jedem Baumarkt. Diese Platten sind auf der Oberfläche beschichtet und somit wasserfest, aber nicht an den Schnittkanten! Hier muss wie jede Holzoberfläche versiegelt werden, wenn man eine Wasserfestigkeit anstrebt. Diese Siebdruckplatten eignen sich gut für einen Bootsständer, der auch in die nasse Wiese gestellt werden kann oder das Abtropfwasser des Modells aushält. Für unsere später beschriebenen Transportkarren ist es das beste Material. Es ist allerdings nicht billig und durch die vielen Schichten relativ schwer.

## Kunststoffe

Unter der fast unübersichtlichen Anzahl an Kunststoffen auf dem Markt kristallisieren sich für unsere Selbstbauzwecke einige wenige heraus. Darunter sind sowohl Thermoplaste als auch Duroplaste. Thermoplaste lassen sich durch Wärme verformen und dies mehrere Male. Dazu gehört das bekannte Acrylglas („Plexiglas“), Polymethylmethacrylat (PMMA), ein „Abfallprodukt“ aus der Erdölindustrie, das klar, getönt oder durchgefärbt in Platten oder Stangen sowie Rohren erhältlich ist. Es lässt sich relativ gut sägen, feilen und schleifen, wenn man die spröde Konsistenz beachtet und z. B. beim Bohren vorsichtig zu Werke geht. Platten lassen sich auch durch Anritzen und Brechen über einer Kante trennen.

Ein fast noch besser brauchbarer Kunststoff ist das Polystyrol (PS). Hier meine ich nicht das expandierte Polystyrol (EPS), auch unter Styropor, Styrodur usw. bekannt, sondern Platten und Profile aus PS, meist in weißer Farbe. Es gibt solche Platten auch aus dem sogenannten ABS (Acrylnitril Butadien Styrol). Diese Platten können mit dem Messer und in geringer Dicke auch mit der Schere zugeschnitten werden. Mit Laubsäge, Feinsäge und dergleichen ist das Bearbeiten fast schon kinderleicht. Diese leichten, wasserfesten Platten sind durch ihre weiße, glatte Oberfläche für uns sehr arbeits- und zeitsparend. Geklebt wird mit den üblichen Plastikklebern oder mit einem Brei aus in Aceton gelösten Plattenresten.

Kunststoffplatten haben für uns Modellbauer einige gravierende Vorteile: neben der Wasserfestigkeit und dem geringen Gewicht spielen der relativ günstige Preis und vor allem die glatte Oberfläche beim Bau von Schiffsmodellen eine große Rolle. Aufbauten aus Kunststoffplatten lassen sich gut und haltbar kleben und sind leicht, sodass der Schwerpunkt des Modells weiter unten bleibt und das Modell nicht schaukelt. Sind die Aufbauten zu schwer – und das kann bei unseren stark detaillierten Arbeitsschiffen schon passieren – dann kann es auch sein, dass unser schönes Modell kentert und in den Tiefen des Sees für immer verschwindet.

Duroplaste sind Werkstoffe, die einmal hergestellt nicht mehr kalt oder warm verformt werden können. Sie sind hart (lat. durus) und sehr widerstandsfähig. Dazu gehören alle Klebstoffe und Harze auf Epoxidbasis oder auch Polyesterharze. Zum Formenbau und für dünne Rümpfe gibt es nichts Besseres als Epoxidharz (kurz Epoxy). Es ist einzigartig stabil, zäh, hält allen Umwelteinflüssen wie Sonne, Salzwasser usw. stand und kann zu relativ leichten Formen verarbeitet werden. Zur Verarbeitung dieser Harze braucht man immer Harz und einen speziellen Härter im vorgeschriebenen Mischungsverhältnis.

Fertige duroplastische Platten aus Epoxid (Epoxy) finden wir im Bereich der Elektronik. Hier werden diese Platten als Leiterplatten für elektronische Schaltungen verwendet. Wir erhalten sie mit oder ohne Kupferbelag und können beide Sorten gut gebrauchen. Geklebt wird mit Epoxidkleber und die kupferbeschichteten Platten können auch mit einem großen Lötkolben zusammengelötet werden. Auch können z. B. Muttern aufgelötet werden, die dann der Befestigung von Aufbauteilen usw. dienen.

## Metalle

### Aluminium

Das silbern farbige Aluminium (Alu) ist für uns Modellbauer sehr interessant. Leider ist es nicht billig, da die Herstellung aus Bauxit sehr hohe Energiemengen erfordert. Daher wird Alu in hohem Maße recycelt und sollte in Werkstatt und Haushalt immer gesammelt und der Wiederverwertung zugeführt werden. Wir brauchen Legierungen davon, wie z. B. das Dural (Duraluminium), das durch bestimmte Bestandteile härter und widerstandsfähiger gemacht wurde. Aber auch weiches Aluminiumblech, das sich gut in Form biegen oder treiben lässt, können wir gebrauchen. Neben dem geringen Gewicht können wir zusätzlich die Leitfähigkeit des Alus nutzen. So erspart ein Alumast einen Pol der Mastbeleuchtung (Mastkörper als Masse für die Lampen).

Aluminium wird in verschiedenen Halbzeugen wie Bleche und unzähligen Profilen angeboten. Bezugsquelle ist auch hier neben dem Fachhandel wieder unser örtlicher Baumarkt.

Stöbern Sie am nächsten Wochenende im Alteisencontainer Ihres Wertstoffhofes. Sie bringen Ihren Recyclingmüll hin und nehmen ein paar brauchbare Aluprofile oder –bleche wieder mit. Das spart Kosten und das Metall wird 1:1 wieder verwertet, ganz ohne Energieeinsatz. Fragen Sie aber, denn der Schrottpreis für Alu ist hoch und die Bediensteten im Wertstoffhof haben da gern eine zusätzliche Einkommensquelle.

Aluminiumhalbzeuge

### Messing

Die Legierung Messing – bestehend aus Kupfer und Zink – sieht poliert wirklich wie Gold aus. Somit können schöne Beschläge und sichtbare Teile am Modell nicht nur gut hergestellt werden, sondern sehen auch noch gut aus. Soll der Glanz erhalten bleiben, muss allerdings mit einem speziellen Klarlack für Metalle lackiert werden, da sonst das Metall wieder anläuft und matt wird. Messing bekommt man in den üblichen Halbzeugen, die teils verschiedene Härten aufweisen. Wir brauchen in der Regel die mittelharte Ausführung. Messing leitet gut elektrischen

Strom und kann in der Drehmaschine gut bearbeitet werden. Gerade bei der spanenden Bearbeitung wie Drehen und Bohren müssen wir auf eine unangenehme Eigenschaft von Messing achten: es entwickelt sehr scharfe und kleine Späne, die wie Nadeln den Weg in Augen, Haut usw. finden und dort nicht sehr angenehm sind. Ohne Schutzbrille bitte auf keinen Fall bohren oder drehen. Gesägt wird mit der normalen Metallsäge und für das Bohren eignen sich normale (preisgünstige) HS-Bohrer für Nichteisen(NE)-Metalle.

Messing ist wiederum teuer, sodass das Recycling für uns Modellbauer hauptsächlich darin besteht, alle Reste – auch kleine – in einer entsprechenden Restekiste aufzubewahren.

Messing lohnt sich, zu sammeln – es ist teuer und wir können es gut verwenden

## Stahl

Stahl wird eigentlich nur für ganz stabile Bauteile wie Wellen, Verbindungselemente wie Schrauben und Muttern und natürlich als Ballast verwendet. Zu schwer ist er zu bearbeiten und zum einen das Gewicht lässt ihn für Aufbauten ungeeignet sein und zum anderen ist er z. B. zum Rumpfbau einfach zu zäh und widerspenstig bei der Verarbeitung.

## Kupfer

Kupfer ist ein sehr weiches Metall, das wir im Gegensatz zu Stahl durchaus für die Beplankung unseres Modellrumpfes verwenden könnten (wenn es nicht so teuer wäre!). Es lässt sich gut in Form bringen (der Spengler auf dem Dach macht es uns vor) und leitet Wärme und elektrischen Strom wie kein anderes Metall. Es lässt sich gut löten, wenn man die graubraune Schutzschicht aus Kupferoxid (Patina) abschleift. Die Patina verhindert das Eindringen des Lotes in die Metalloberfläche und wirkt sogar wie ein Isolator. Also immer blank machen bei elektrischen Verbindungen und Lötvorgängen. Diese Patina ist allerdings ein hervorragender Schutz gegen Umwelteinflüsse. So baut man z. B. Kupferdachrinnen in blankem Zustand ein und die durch Wasser und Luftsauerstoff entstehende Patina bildet eine gute Schutzschicht. Im Modell können wir uns das zunutze machen, indem wir auf die Konservierung von Kupferteilen wie z. B. Relingstützen o. ä. verzichten können.

## Blei

Das giftige, weiche und sehr dichte und damit schwere Blei dient uns hauptsächlich als Ballast. Es ist auch Hauptbestandteil unserer Bleiakkus, die damit Energiespender und Ballast sind. Blei findet sich als Legierungsbestandteil in vielen von uns verwendeten Metall-Halbzeugen. So ist es wichtiger Teil des Lotes beim Weichlöten.

Das giftige Blei ist nur noch schwer zu bekommen, es ist gut als Ballast geeignet

### Zinn

Ob als verzinntes Blech (Weißblech), wie in der Lebensmittelindustrie gern verwendet, oder als Legierungsbestandteil (z. B. bei Bronze), das Zinn gehört auch zu unseren verwendeten Metallen. Nachdem die Autofahrer an ihren Felgen keine Bleigewichte mehr haben dürfen, sondern nur noch Zinngewichte können wir diese auch als Ballast nutzen.

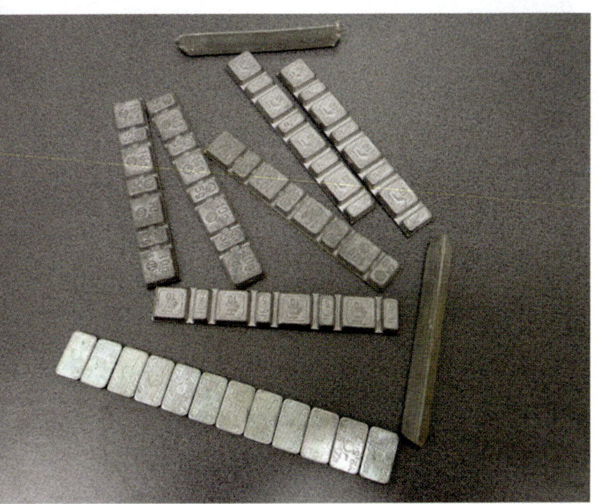

Zinngewichte wie sie für das Auswuchten von Rädern verwendet werden eignen sich gut als Ballast und zum Trimmen – Fragen Sie in Ihrer Autowerkstatt nach

# Klebstoffe

### Holzleim

Da gibt es in der Regel von der Firma her keine Favoriten. Im Wesentlichen kleben alle Holzleime (Weißleim) gut, wenn man sie richtig verarbeitet. Einige Unterschiede gibt es in (einigermaßen) wasserfester Ausführung, als Express-Leim, der angeblich nach fünf Minuten schon belastbar sei (es sind in der Praxis ab 20 Minuten aufwärts) oder die Gebindegröße, die den Unterschied machen.

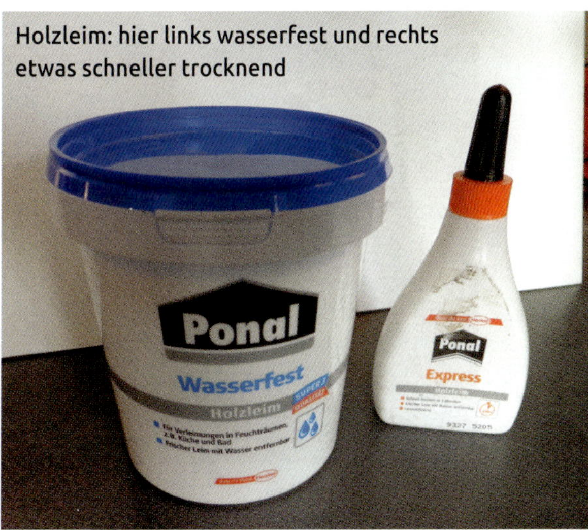


Holzleim: hier links wasserfest und rechts etwas schneller trocknend

Wichtig ist, dass Holzleim dünn und vollflächig aufgetragen wird („verschmieren“) und anschließend gut gepresst wird. Nur eine dünne Leimschicht härtet gut aus und wird nicht gummiartig und hält somit schlecht. Holzleim kann mit Wasser verdünnt werden, wenn er zu dick geworden ist oder in feinere Poren eindringen muss. Die Wasserlöslichkeit kommt uns vor allem dann zugute, wenn wir hochwertige Holzplanken beim Kleben mit Holzleim verschmiert haben. Dann kann sofort mit einem nassen Tuch das meiste davon entfernt werden. Ist der Holzleim getrocknet, geht das leider nicht mehr.

Einen wirklich wasserfesten Holzleim habe ich noch nicht erlebt. Das Holz muss ohnehin geschützt werden, dann kann die mit normalem Holzleim geklebte Stelle auch gleich mit konserviert werden.

### Holzkleber (UHU-Hart, Rudol usw.)

Schneller geht das Kleben von Holz mit entsprechenden farblosen Holzklebern wie z. B. UHU-Hart. Er verbindet (wasserfest) die Holzteile und wird richtig hart. Bei der Verklebung von Balsaholz brauchen wir ihn eigentlich immer.

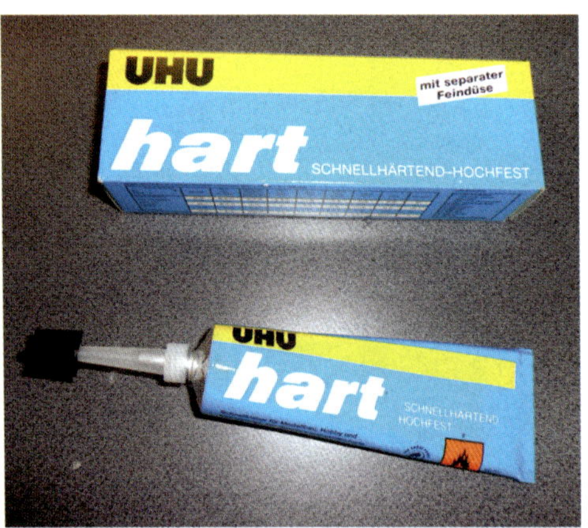


**Ein guter Holzkleber, der hält, was er verspricht: UHU-Hart**

### Sekundenkleber (Cyanacrylat-Kleber)

Diese nicht ganz ungefährlichen Kleber gibt es in dünn-, mittel- oder dickflüssig. Sie werden in kleinen Tuben oder Flaschen verkauft und sind relativ teuer. Allerdings kleben sie viele Dinge eben schneller, was beim Fixieren von Teilen eine große Hilfe ist. Die Dämpfe sind giftig und brennen extrem in den Augen. Beim Arbeiten mit den Augen nicht zu nahe und direkt darüber gehen. Die Augen und die Hände sollten nach Möglichkeit geschützt werden, denn dort klebt der Sekundenkleber leider besonders gut.

## Wie man verklebte Finger wieder auseinander bekommt.

Wenn sie vom Sekundenkleber etwas auf die Fingerspitzen bekommen und ausgerechnet diese auch noch zusammenpressen, dann kleben ihre Finger richtig gut aneinander. Wichtig: Ruhig bleiben! Sie brauchen kein Messer um die Finger voneinander zu trennen! Sie brauchen auch keinen Arzt oder ins Krankenhaus. Sie nehmen sich lediglich eine Schüssel aus dem Küchenschrank, füllen warmes Wasser hinein und setzen sich an einen Tisch. Die Hand wird in das Wasser getaucht und die verklebten Finger werden ca. eine viertel Stunde lang im Wasser vorsichtig bewegt. Bleiben Sie geduldig dabei, man kann auch mit der anderen Hand nebenbei in einer Modellbauzeitung oder in einem -buch blättern. Nach einiger Zeit gehen die Finger wieder auseinander und wir haben festgestellt, dass Sekundenkleber wasserlöslich ist. Er ist also nichts für Verklebungen von Wellen, Rudern usw.

**So bekommt man verklebte Finger wieder frei: in warmem Wasser bewegen**

## Aktivator

Gelegentlich (eigentlich meistens) sind uns die Sekunden, die der Sekundenkleber braucht, um abzubinden, viel zu lang. Gerade beim schnellen Fixieren muss man das Teil „ewig" halten. Es dauert manchmal Minuten, bis die Teile fest sind. Das hängt hauptsächlich von der Feuchtigkeit der Klebefläche ab. Um die Klebung wirklich in Sekunden zu vollziehen, kann man eine der Klebeflächen vorher mit Spucke anfeuchten und dann das mit Kleber versehene Teil daran halten. Die Klebung wird in ein paar Sekunden erfolgen. Desgleichen funktioniert ein sogenanntes Aktivatorspray, das es für Sekundenkleber gibt. Er besteht im Wesentlichen aus Alkohol (kühlt schön) und beschleunigt die Klebung erheblich. Wenn allerdings Sekundenkleber und Aktivator zusammenkommen, entsteht Hitze, es qualmt gelegentlich. Die Finger sollte man da nicht dran haben, sonst verbrennt man sich die Fingerspitzen. Zudem entsteht ein weißer Niederschlag, der unschön aussieht, besonders auf eingeklebten Scheiben. Diesen Niederschlag kann man angeblich mit Öl wieder abreiben. Ich selbst habe das noch nie versucht, Scheiben klebe ich ohne Aktivator ein.

Wenn man um diese Dinge weiß, lässt sich mit Sekundenkleber der Selbstbau wesentlich vereinfachen. Wir brauchen weniger Klammern oder dergleichen, um Bauteile bis zum Abbinden zu fixieren.

Nervig ist allerdings, dass die Tuben an der Spitze so schnell verkleben. Gelegentlich ist nach ein- oder zweimaligem Gebrauch der

Zum Auftragen aus der Flasche kann ein spitzes Holzstäbchen gut verwendet werden

Mit einem Heißluftföhn lässt sich Sekundenkleber lösen

Deckel so verklebt, dass er sich nicht mehr lösen lässt. Ich schraube die ganze Tülle herunter (oft mit einer Kombizange) und tauche einen Holzspieß (Schaschlikspieß ist besser als Zahnstocher) in die große Öffnung. Der große Tropfen wird in der Flasche gelassen und der Rest kommt an die Klebestelle. Das funktioniert ganz gut, sie dürfen nur nicht auf dem Weg zur Klebestelle tropfen.

Weiterhin löst sich Sekundenkleber durch Wärme. Somit können wir verklebte Kappen oder Tüllen mit dem Heißluftföhn (vorsichtig) wieder gangbar machen. Von einem Feuerzeug rate ich dabei ab, der Kleber entzündet und verdampft gern, was unter anderem unsere Augen nicht mögen.

### Kontaktkleber (Pattex usw.)

Diesen Kleber kennt wohl jeder, wird er doch fast im gesamten Bastelbereich verwendet. Filz, Leder usw. kann damit gut verklebt werden. Holzleisten auf Decks gehen auch damit. Wir brauchen ihn aber nicht so oft. Mittlerweile gibt es auch Produkte, deren Dämpfe nicht mehr so arg riechen.

Kontaktkleber wird anders als andere Kleber verarbeitet. Die beiden Klebeflächen werden dünn und vor allem gleichmäßig mit Kontaktkleber eingestrichen, eventuell mit einem Zahnspachtel. Anschließend lässt man den Kleber ablüften. Wenn die Oberfläche trocken ist, dann werden die beiden Teile möglichst fest aufeinander gepresst. Entscheidend für die Festigkeit ist die Höhe des Anpressdrucks. Ein Vorteil ist die sofortige Belastbarkeit der Klebestelle. Was bei Schuhen super funktioniert, muss bei unseren teils filigranen Bauteilen aber nicht unbedingt klappen. Eine Sitzbank oder der Fahrersitz einer Yacht, die mit Kunstleder bezogen werden oder besagte Decksplanken. Weiterhin habe ich Kontaktkleber noch nicht im Modellbau verwendet.

Ein Nachteil darf nicht verschwiegen werden: (Auch wenn die Hersteller das nicht gerne hören.) Die Klebestelle löst sich nach einigen Jahren. Was bei Schuhen keine so große Rolle spielt, ist bei einem Schiff, auf dem sich die Decksplanken lösen, schon etwas anderes.

## Zweikomponenten-Kleber

Das sind die „Arbeitspferde" in unserem Hobby. Sie basieren in der Regel auf Epoxidharz.

Es gibt zwei Arten: eine Gattung besteht aus Gel und Härterpulver (Stabilit Express) und die andere aus zwei gelartigen Flüssigkeiten (Harz und Härter). Die beiden Letzteren werden im Verhältnis 1:1 gemischt. Dabei die Tubenspitze nicht mit der anderen Flüssigkeit in Verbindung bringen. Ebenfalls dürfen die Verschlusskappen nicht verwechselt werden. Sobald nämlich auch nur kleine Mengen der beiden Gels zusammenkommen, beginnt der Aushärteprozess. So könnte nach einmaligem unsachgemäßem Gebrauch der ziemlich teure Kleber schon unbrauchbar sein. Am besten die beiden Teile in ein kleines Gefäß träufeln lassen (eine Mischwanne ist in der Regel dabei) und mit einem Holzspieß (jetzt geht auch ein Zahnstocher) oder mit einer flachen Holzleiste (diese werden

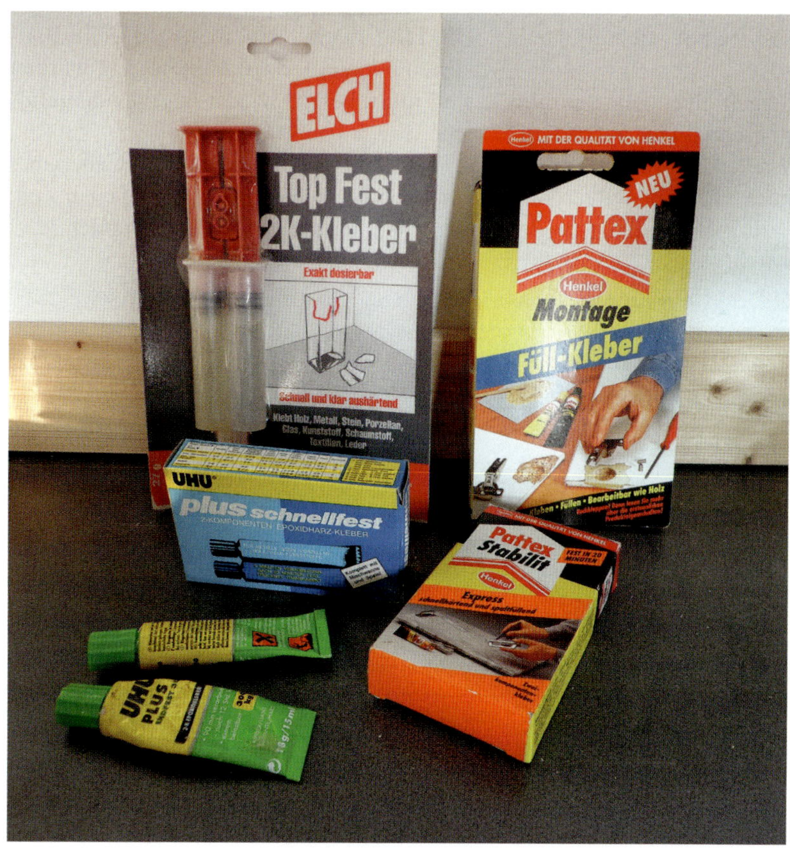


Zweikomponentenkleber (2-K-Kleber)

auch in Schnellrestaurants zum Umrühren des Kaffees angeboten …) gut vermischen.

Je nach verwendetem Produkt eilt es jetzt mehr oder weniger. UHU-Sofortfest kann nur zwei Minuten lang verarbeitet werden, bei UHU-Schnellfest sind es „schon" fünf Minuten und beim grandios klebenden UHU-Endfest sind es einige Stunden. Bei Letzterem liegt allerdings die Aushärtezeit auch bei 24 Stunden. Dabei muss das Teil gut fixiert werden, denn der Kleber wird (obwohl anfangs breiig) flüssig, und das Teil rutscht gern ab und klebt dann an einer anderen Stelle. Verklebungen mit UHU-Endfest können im Backofen oder mit dem Föhn auch noch getempert (erwärmt) werden, dann ergibt sich eine noch größere Festigkeit. Generell werden die UHU…fest-Produkte bei Erwärmung flüssig und dringen so auch in kleinste Ritzen ein. Dies ist z. B. beim Verkleben des Stevenrohres im Rumpf wichtig, damit es wasserdicht wird.

Es lohnt sich allemal, einen Blick auf die erweiterte Produktbeschreibung auf der Internetseite des Herstellers zu werfen.

Zweikomponentenkleber mit Pulver sind genauso einfach zu verarbeiten. In der Mischwanne befinden sich Streifenmarkierungen, auf die der Grundstoff aus der Tube aufgetragen wird. Je nach Anzahl der Streifen werden entsprechend viele Löffel (mitgeliefert) an Pulver aus dem Topf dazugegeben (berührungslos bitte!) und anschließend das Ganze vermischt. Manche Kleber haben auch Mischwannen mit verschieden großen Vertiefungen, diese werden mit Grundstoff aus der Tube gefüllt und dann die aufgedruckte Anzahl an Löffeln Härterpulver zugegeben. Dieser Kleber bleibt breiig und kann auch zum Füllen von Spalten verwendet werden. Die Topfzeit beträgt wieder ca. fünf Minuten. Achtung: auch diese Variante der 2-K-Kleber ist nicht für die Ewigkeit! Nach einigen Jahren löst sich der Kleber gern. Man sieht dies bei älteren zusammengebauten Baukastenmodellen, die im Internet verkauft werden („Dachbodenfund"). Die Teile, die mit dem in der Regel im Baukasten mitgelieferte Stabilit geklebt wurden sind meist bereits wieder auseinandergefallen.

Fest sind alle angesprochenen Kleber aber erst nach der bestimmten angegebenen Zeit. Vorher sollten sie nicht belastet werden.

# Kapitel 3: Werkzeuge

## Handwerkzeuge, die ohne Strom funktionieren

Wir brauchen für unseren Selbstbau der Modelle am Anfang nur einige wenige Werkzeuge. Ein großer Werkzeugschrank und viele verschiedene oft nur für einzelne Arbeiten benötigte Werkzeuge sind nicht notwendig. Mit ein bisschen Ausdauer, Konzentration geht es meist auch mit einfachen Werkzeugen.

In diesem Buch stelle ich nur einige Werkzeuge vor, bevorzugt die, mit denen wir am meisten arbeiten, wenn wir Modellboote selbst bauen. Jeder hat auch seine eigenen Lieblingswerkzeuge, mit denen er am besten zurechtkommt. Das Ergebnis und die Unfallfreiheit sind entscheidend – bei uns ist Zeit ja nicht Geld.

### Trennen

An einer guten Feinsäge geht kein Weg vorbei! 80% aller Schnitte können mit ihr erledigt werden. Sie wird für gerade Schnitte in Holz oder Kunststoff gebraucht. Das feine und präzise Arbeiten ermöglichen die feine Zahnung mit entsprechender Schränkung der Zähne und der verstärkte Rücken. Dieser stabilisiert das Sägeblatt und es kann sich nicht wellen.

Eine Feinsäge genügt für viele Arbeiten, oben zu sehen die umlegbare Variante, mit ihr kann man nahe an Kanten entlang sägen

Es gibt einfache, abgewinkelte und umlegbare Feinsägen. Die abgewinkelten und umlegbaren sind so gefertigt, dass mit ihnen bis an die Kanten gesägt werden kann. Nützlich ist das z. B. beim Abschnei den des überstehenden Decks am Rumpf.

Für geschweifte (kurvige) Schnitte und feinste Sägearbeiten geht es nicht ohne die gute alte Laubsäge. Die ist uns schon aus unseren Grundschultagen bekannt, haben wir damit wohl alle als Kind schon mal ein Schlüsselbrett o. ä. gesägt. Kaufen Sie kein kompliziertes Exemplar mit automatischer Spannvorrichtung – viel zu teuer und unpraktisch. Eine Laubsäge mit normalem Holzgriff und montierten Klemmhebeln eignet sich am besten. Dies kann ich nicht nur aus dem Modellbaubereich, sondern auch aus über 20-jähriger Tätigkeit als Werklehrer belegen.

Für jedes Material gibt es die passenden Laubsägeblätter von grob bis fein.

### Beachten Sie einige Regeln:

- Die Zähne des Sägeblattes zeigen immer zum Griff.
- Sägen Sie senkrecht, nie schräg oder schwingend.
- Die Laubsäge ist die einzige Säge, bei der Sie sitzen müssen. Dabei sollte sich das Werkstück auf einem Laubsägebrettchen etwa in Schulterhöhe befinden.
- Zum Einspannen des Blattes den Gummipuffer an der Säge nutzen und im Stehen gefahrlos und bequem das Sägeblatt einspannen.
- Die Säge bleibt in ihrer Position und das Werkstück wird gedreht.
- Bei engen Kurven das Sägeblatt „frei sägen“ – also immer leicht sägen, wenn das Werkstück gedreht wird. So kann das Sägeblatt nicht klemmen und reißen (bei Metall leicht möglich).

Klemmhebel an Laubsägen sind sehr praktisch, der Gummipuffer hilft beim Einspannen

Für Metalle eignet sich die Feinsäge nicht. Ihre Zahnung ist zu grob und meist nicht hart genug. Es gibt aus dem Bereich der Modelleisenbahner kleine Feinsägen mit Metallsägeblatt, die zum Durchsägen der Schienen verwendet werden. Wenn Sie so eine in die Finger bekommen können, schlagen sie zu. Sie ist zum Ablängen von feinen Profilen aus Messing sehr gut geeignet.

Ansonsten verwenden wir für größere Metallschnitte die Bügelsäge, deren Sägeblatt sich nachspannen lässt und die Zähne vom Griff weg zeigen. Wir arbeiten im Stehen und mit beiden Händen. Eine Hand am Griff und die andere Hand zieht die Säge vorne.

▲ Die für feine Arbeiten brauchbaren Puksägen können mit Blättern für Metall und Holz ausgerüstet werden

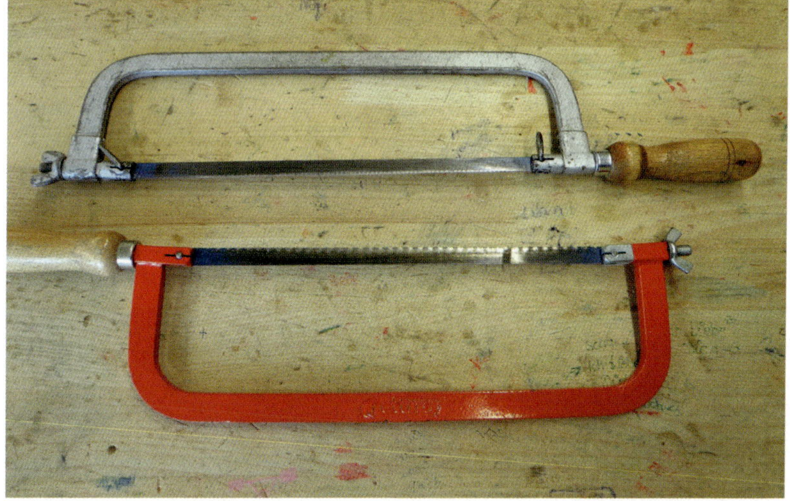

◀ Zwei stabile Bügelsägen für die Metallbearbeitung. Die silberne (ältere) hat die bessere Sägeblattbefestigung

Die Kleinform der Bügelsäge ist die PUK-Säge. Es handelt sich um eine selbst spannende Universalkleinsäge (UK), die mit Holz- oder Metallsägeblättern bestückt werden kann. Mit ihr können gerade und in nicht zu kleinen Radien geschweifte Schnitte gemacht werden. PUK ist seit 1957 eingetragenes Warenzeichen ® der JOSEF HAUNSTETTER SÄGENFABRIK KG, Augsburg.

Über Zangen, Blechscheren, Schraubendreher, Hämmer, Körner usw. berichten wir in diesem Buch nicht auch noch ausführlich. Sonst würde es zu dick werden und am Thema vorbei gehen. Empfohlen sei für weitergehende Information das Buch „Metallbearbeitung im Modellbau" (Best.-Nr. 3102145) des VTH.

# Werkzeugmaschinen im Modellbau

Hilfreiche, einfache Maschinen, die erschwinglich und auch ohne Lehrgang gefahrlos und erfolgreich zu bedienen sind und Maschinen, die das Leben leichter machen – ohne die es aber auch geht (vielleicht nicht so schnell und komfortabel). Sie gehören zu den potenziellen Weihnachtsgeschenken für Modellbauer!

## Kleinbohrmaschine

Gibt es beispielsweise von den Firmen Dremel oder Proxxon oder günstig beim Discounter. Gerade letztere Maschinen weisen eine erstaunliche Ähnlichkeit mit den Markenprodukten auf. Mit 20 € ist man dabei und erhält im Angebot bei einem der Discounter eine einfache aber höchst nützliche Maschine. Ab ca. 30 € aufwärts gibt es Markenmaschinen von Dremel oder Proxxon, die über eine elektronische Drehzahlregelung verfügen und mit einer unerschöpflichen Anzahl an Zubehör und Zusatzgeräten glänzen. Kaufen Sie eine handliche Maschine mit den entsprechenden CE- oder GS-Prüfzeichen. Achten Sie auf ein solides Bohrfutter oder entsprechende Spannzangen. Spannzangen sind präziser, müssen aber bei verschiedenen Bohrdurchmessern gewechselt werden. Bohrfutter sind universeller (0,5 bis ca. 3,5 mm Bohrdurchmesser). Es ergibt sich in der Praxis kaum, dass Sie unterwegs an der Autobatterie mit 12 Volt bohren müssen. Also entscheiden wir uns am besten für die Ausführung mit 230 V – sie erspart den Trafo und ist leistungsstärker.

Für kleinere Bohrungen sind diese Maschinen gut geeignet, bei größeren Bohrdurchmessern hilft nur der in jedem Haushalt vorhandene Akkuschrauber/bohrer. Ihn würde ich auch als obligatorisch für den Modellbau betrachten. Kaufen Sie einen mit den „neuen“ LiIon-Akkus. Sie sind leichter, leistungsfähiger und problemloser in der Handhabung. Leisten Sie sich einen zweiten Akku dazu, sonst ergibt sich mitten beim Arbeiten unter Umständen eine Zwangspause zum Akku-Laden.

Eigentlich unverzichtbar: eine Kleinbohrmaschine. Hier das „Nobelmodell“ mit stufenloser Drehzahlregelung und Bohrfutter

Immer hilfreich: ein Akku-Bohrschrauber (Kaufen Sie immer einen zweiten Akku dazu!) Die gezeigte Maschine stammt ausnahmsweise nicht vom Discounter. Das Markengerät ersetzt sogar eine Schlagbohrmaschine

Interessant sind die Kleinbohrmaschinen wegen ihrer vielen Zusatzgeräte, von denen wir im Moment nur zwei betrachten wollen.

Trennscheiben für Holz, Nichteisenmetalle (NE) und Stahl ersetzen oft die Säge mit schnellerem und saubererem Ergebnis. Sie werden auch mit gehärteten Schiffswellen fertig, wo wir beim Ablängen mit der Bügelsäge passen müssen. Nehmen Sie für Metall bitte nur die mit Glasfaser verstärkten Scheiben, die einfachen brechen „schon beim Anschauen" auseinander, meist schon in der Verpackung. Bitte vergessen Sie die Schutzbrille beim Arbeiten nicht! Ihre Augen werden es Ihnen danken.

Trennen von Metall mit der Trennscheibe (Schutzbrille!)

Ein Schleifzylinder aus Gummi mit auswechselbaren Schleifpapierhülsen oder das Ganze als kleiner Teller mit selbstklebenden Schleifpapierscheiben ist für feine Schleifarbeiten eine feine Sache. Es gibt verschiedene Körnungen (grob bis fein) und auch spezielle Ausführungen für Metall. Wenn der Schleifteller warm wird, löst sich der Kleber und die Schleifscheibe fliegt davon. Das nervt und der Verbrauch steigt. Arbeiten Sie daher mit wenig Druck und machen Sie Pausen. Dieses Problem haben wir bei den Schleifzylindern nicht, sie werden mit einer Spannschraube, die den Gummizylinder dehnt, fixiert.

Bearbeiten von Ausschnitten mit dem Schleifzylinder der Minibohrmaschine

## Dekupiersäge (elektrische Laubsäge)

Erleichtert komplizierte und aufwändige Schnitte, für die man mit der Laubsäge viel Geduld und Ausdauer braucht. Allerdings muss das Werkstück gut festgehalten werden (ein sogenannter Niederhalter erleichtert dies), sonst brechen das Werkstück und/oder das Sägeblatt. Kaufen Sie kein billiges Exemplar: es hat nicht genügend Kraft und ist nicht sicher genug. Die Modelle der Firma Hegner (Multicut) sind die besten, kosten aber auch entsprechend. Auch hier gilt die Regel: wer billig kauft, kauft zweimal. Aber es gibt ja auch Weihnachten oder Geburtstag und ein richtiger Hinweis – am besten mit der genauen Typbezeichung – wirkt bei Ehefrauen manchmal Wunder.

Eine Dekupiersäge (elektrische Laubsäge) ist schon Luxus

## Bandsäge

Jetzt geht der Luxus aber wirklich los. Eine elektrische Bandsäge ist eine tolle Sache. Das Sägeblatt besteht aus einer biegsamen „Endlosschleife“ das über zwei Rollen (eine angetrieben, eine zum Spannen und Einstellen) geführt wird. Auf dem Sägetisch kann am senkrecht nach unten laufenden Sägeblatt bequem gesägt werden. Dabei muss man nur das Werkstück bewegen. Die Säge macht den Rest. Nicht ganz ungefährlich für die Finger, deshalb beim Nachführen gut aufpassen. Das Sägeblatt muss ohne Schläge ruhig laufen (ruckelt es, dann reißt es bald) und die Führungsrollen für das Sägeblatt müssen exakt eingestellt werden. Ist ein Sägeblatt (mit einem Schlag) gerissen, dann Netzstecker ziehen, Maschine öffnen, altes Sägeblatt herausnehmen und im Idealfall ein vorhandenes Ersatzsägeblatt einsetzen und genau nach Anleitung spannen und fixieren. Müssen wir uns erst ein Blatt besorgen, ist neben der Art der Zahnung (fein, grob, Metall) in der Regel nur die Länge wichtig. Das ist das Erste, wonach Sie der Verkäufer fragt.

**Eine relativ kompakte aber sehr leistungsfähige Bandsäge ist das Modell von Proxxon**

## Kreissäge

Eine Kreissäge kennt jeder aus der Schreinerei. Die großen Exemplare können uns durchaus gute Dienste leisten. Auf die Kreissäge im Maschinenraum meiner Schule möchte ich nicht verzichten. Große und kleine Bretter und Leisten lassen sich gut damit bearbeiten. Allerdings müssen Sie eingewiesen sein und sich der relativ großen Unfallgefahr bewusst sein.

Für uns Selbstmodellbauer genügt – wenn überhaupt – ein kleineres Exemplar wie es die Firmen Böhler und Proxxon anbieten. Auch hier gilt wieder: achten Sie auf Ihre Finger, arbeiten Sie ungestört und konzentriert, auch an einer Minikreissäge.

Käufliche Minikreissäge

Selbst gebaute Minikreissäge

Die Exemplare, die mit 12 Volt funktionieren sind „etwas schwach auf der Brust“ und nur für dünne Brettchen oder Leisten geeignet. Da wir aber immer in unserem Hobbyraum über einen 230-V-Anschluss verfügen, sollten wir eine Minikreissäge mit entsprechender Spannung und damit mehr Leistung wählen.

Die Nobelform der Kreissäge ist die sogenannte Kappsäge. Bei dieser wird das Sägeblatt samt Motor nach unten in das eingespannte Werkstück bewegt und so exakte 90-Grad- oder Gehrungsschnitte ermöglicht. Interessant ist die kleinste Variante von Proxxon, die mit einem kleinen Metallsägeblatt ausgerüstet wunderbar Metallprofile schneidet. Sie gibt es nur in der 12-V-Variante. Ich betreibe meine mit 14 Volt und habe dadurch etwas mehr Leistung.

**Kappsäge, hier mit Metallblatt beim Ablängen eines Messingprofils**

Eine kleine Ständerbohrmaschine hilft bei senkrechten Bohrungen

Ein kleiner Maschinenschraubstock hält kleine Werkstücke bei der Bearbeitung

Ein Schraubstock aus dem Schmiedebereich – wenn Sie einen bekommen können, verwenden Sie ihn, aber schrauben Sie ihn gut fest!

Ein Schraubstock mittlerer Größe aus Guss ist ein preiswerter Kompromiss

Werkzeuge kann man sehr günstig auf Flohmärkten erstehen. Gerade ältere Handwerkzeuge von bester Handwerkerqualität kann man oft für einen Euro das Stück bekommen. Es lohnt sich, die Augen aufzuhalten und eventuell auch die ganze Kiste zum Sonderpreis mitzunehmen. Aussortieren kann man immer noch.

Leimzwingen kann man nicht genug haben, es gibt sie in verschiedenen Formen, manchmal auch als Sonderangebot

Werkzeuge vom Flohmarkt sind oft hochwertig und sehr günstig

# Kapitel 4: Die Werkstatt

Im Fachbuch „Metallbearbeitung im Modellbau“ vom VTH ist ein ganzes Kapitel der Modellbauwerkstatt gewidmet. Wir wollen hier in diesem Buch nur kurz darauf eingehen, damit nicht alles wiederholt wird.

Nur mal zwischendurch am Küchentisch oder gar auf dem Wohnzimmertisch Modelle zu bauen stößt ganz schnell an seine Grenzen. Der Haussegen hängt – verständlicherweise – alsbald schief, wenn die ersten Kleberflecken auf dem Teppich oder dem Tisch nicht mehr zu entfernen sind. Neben dem ewigen Her- und Wegräumen nervt meist auch der wenige Platz. Man braucht selbst für kleine Modelle immer etwas Spielraum für die Ablage von Teilen, Werkzeug, Material usw. Und nicht zu vergessen: Modellbau „macht Dreck“. Selbst beim Kartonmodellbau bleiben Kartonreste, Staub vom Kantenschleifen usw. übrig. Wer will die schon auf dem Wohnzimmerteppich oder der Couch haben? Zudem ist die Geruchsbelästigung der Familienmitglieder durch den Einsatz von nicht immer „Bio“-Klebern und Farben nicht zu unterschätzen.

Also: wir brauchen zumindest eine Ecke, einen Tisch, wo wir unsere Sachen liegen lassen können. Wenn diese Ecke in einem eigenen Raum ist, dann sind wir quasi schon im siebten „Modellbauhimmel“. Ein kleines Zimmer (ehemalige Abstellkammer, Speisekammer usw. würde schon genügen) am besten mit Fenster oder guter Belüftung wäre ein guter Anfang. Im Keller ein kleiner (am besten ein großer) Raum grenzt schon an Luxus. Kaufen Sie Ihrer Frau einen Wäschetrockner und belegen Sie den Wäschetrockenraum. Machen Sie ihr klar, wie viel Arbeit sie sich damit spart, kein Aufhängen der Wäsche, weniger bügeln usw.

In einem kleinen Kellerraum wird es schnell eng – aber besser als nichts

Falls dieser Strategie nicht aufgeht, können Sie immer noch entscheiden, ob Sie im Winter Ihr Auto abkratzen müssen, weil die Garage zur Modellbauwerkstatt umfunktioniert wurde. Hier sind allerdings einige bauliche Maßnahmen durchzuführen, zu denen vor allem eine gute Isolierung von Boden, Decke und Wänden gehört. Auch dazu gibt es in dem am Anfang dieses Kapitels erwähnten Buch einige Tipps. Übrigens kann es baulich verboten sein, Garagen in dieser Art zu zweckentfremden. Am besten machen Sie sich vorher kundig, wie dies in Ihrem Wohnort gehandhabt wird.

Eine Baumarkt-Gartenhütte, falls Platz und Genehmigung des Haushaltsvorstandes vorhanden, im eigenen Garten kann eine gute Lösung darstellen. Die Nachbarn müssen auch zustimmen. Auch hier darf die Isolierung nicht vergessen werden und eine Heizung, die ständig eine Grundtemperatur von ca. 10 Grad bereitstellt, ist obligatorisch. Geht man dann zum Arbeiten in die Hütte, muss die Heizung in kurzer Zeit die Hütte auf ca. 20 Grad aufheizen können.

Alternativ können Sie auch in anderen Gebäuden einen oder mehrere Räume mieten. So haben wir es gemacht. Nachdem mein Keller zu klein wurde und mein Freund Friedhelm gar keinen zur Verfügung hat, haben wir uns im alten Übernachtungsgebäude im Bahnpark Augsburg zwei Räume gemietet. Die haben wir mit viel Müh und Fleiß mit Werkbänken, Licht, Steckdosen, einem Kühlschrank (wichtig!) und viel Werkzeug und Maschinen ausgestattet (www.bahnpark-augsburg.de).

Unsere Werkstatt befindet sich in einem denkmalgeschützten Gebäude von 1919 im Bahnpark Augsburg. Hier übernachteten früher die Lokführer und Heizer.

Die richtige Umgebung für einen Modellbauer: der historische Bahnpark Augsburg (www.bahnpark-augsburg.de)

Jetzt müssen wir uns zwar erst ins Auto setzen, um zu unserem Hobby zu kommen, aber das hat auch seine Vorteile. Man plant die Zeit und die Treffen viel intensiver – und wir haben unsere Ruhe! Auch das ist eine wichtige Grundvoraussetzung für den Selbstbau von Schiffsmodellen. Wir stören auch niemanden, wenn wir um Mitternacht noch Werkzeugmaschinen laufen lassen oder ein Blech im Schraubstock umbördeln. Und natürlich macht es zu zweit mehr Spaß.

Nebenbei befinden wir uns in räumlicher Nähe zu riesigen, wunderschönen Dampflokomotiven (Maßstab 1:1), einer LGB-Bahn und nicht zuletzt der Minibahn Augsburg, die durch Thomas Heigemeir gebaut und betrieben in der Spurweite 7¼ Zoll um unser Gebäude fährt (www.mini-bahn-augsburg.de).

Die Minibahn Augsburg fährt um unser Werkstattgebäude, im Hintergrund die Ammersee-Dampfbahn

## Sie brauchen viel Platz ...

Planen Sie lieber viel mehr Platz ein, falls möglich, denn die Modelle werden größer und der Stauplatzbedarf für das viele Material des „Jäger und Sammlers" ist nicht zu unterschätzen.

Idealerweise haben Sie noch einen Lagerraum oder einen Platz auf dem Speicher zum Lagern des Materials oder der vielen Projekte, die man noch bauen möchte.

„Besser als viel Platz ist noch mehr Platz!"

# Kapitel 5: Der Rumpfbau

Es gibt mehrere Möglichkeiten, einen Rumpf für ein Modellboot aufzubauen. Das hängt unter anderem natürlich von der Größe ab. Einen kleinen Schlepperrumpf mit einer Wandstärke von 1 mm (wegen des Gewichts) fertigt man beispielsweise im Tiefziehverfahren aus einer dünnen ABS-Platte. Dieser Rumpf ist dann glatt und leicht. Zudem können – wenn das Urmodell gut ist – auch mehrere Rümpfe hergestellt werden.

Diese Methode geht bis Rumpfgrößen von ca. 40 cm einigermaßen gut. Mehrere gleiche Beiboote auf einem größeren Kreuzfahrtschiff bieten sich hier an. Der Aufwand ist allerdings nicht zu vernachlässigen. Es muss ein Urmodell oder eine Urform erstellt werden, die als Form für den erwärmten Kunststoff dient. Die Frage ist auch: Möchte ich überhaupt mehrere gleiche Rümpfe herstellen? Meist sind es ja einmalige Projekte, die wir bauen.

Für die zweite Methode, einen Rumpf aus Kunststoff herzustellen ist der Aufwand noch größer: ein Rumpf komplett aus glasfaserverstärktem Epoxidharz. Ein stabiles Urmodell wird aus Holz, Styrodur oder beidem gefertigt. Es muss sauber geschliffen, gespachtelt, lackiert und poliert werden.

Darauf wird die Urform laminiert. Zuerst mehrere Schichten Trennwachs auf das Urmodell, sonst bekommt man Urmodell und Urform nicht mehr auseinander. Dann je nach Größe mehrere Lagen Glasfaser mit jeweiliger Tränkung durch Epoxidharz. Am besten alle Schichten nacheinander ohne das die vorherige Schicht aushärtet (nass in nass). So verbinden sich die einzelnen Schichten gut miteinander. Das ist wichtig, da wir eine stabile Urform brauchen. Ist sie fertig laminiert, dann trennen wir vorsichtig Urform und Urmodell.

Geht dabei das Urmodell kaputt, ist das nicht weiter schlimm, solange die Urform noch gut ist. Man kann sogar mit einer sogenannten „verlorenen Form“ arbeiten. Die besteht z. B. aus Styrodur. In das Urmodell, das sich noch in der Urform befindet, wird ein Liter Verdünnung geschüttet. Die Verdünnung „frisst“ quasi das Urmodell auf und wir brauchen den entstehenden Brei „nur“ noch rückstandsfrei aus der Urform entfernen – und als Sondermüll entsorgen. Ganz schön aufwändig und der Gesundheit nicht ganz förderlich. Das Ganze natürlich nur im Freien, also im Winter während der Bausaison wohl weniger.

In diese Urform, die eventuell in der Mitte geteilt werden muss, kann dann wieder unter Verwendung von Trennwachs der Modellrumpf einlaminiert werden.

Wir befassen uns mit der klassischen Methode, den Rumpf mittels Spanten auf eine Helling aufzubauen.

Aus dem Bauplan entnehmen wir die Spantenmaße und -formen. Dazu fertigen wir uns am besten eine oder mehrere Kopien der Spantenrisse an. Diese Kopien werden dann auf passendes Sperrholz geklebt. Bitte verzugsfreies Material verwenden. Es darf ruhig etwas dicker sein. Wir schneiden übriges Material aus der Mitte eh heraus, sodass das Gewicht des Holzes eine untergeordnete Rolle spielen kann. Stabilität ist wichtig! Für meinen Opduwer mit einer Länge von 130 und einer Breite von ca. 40 cm verwendete ich 10 mm dickes Pappelsperrholz. Die Platten waren vom Innenausbau meines geschrotteten Wohnmobils übrig und von guter Qualität.

Wenn Sie einen guten Modellbauplan haben, dann sind im Decksbereich zusätzliche Zapfen vorgesehen, um den Abstand beim Aufstellen auf der Helling gleich zu halten. Das erleichtert später das Arbeiten am Rumpf und wir brauchen uns weniger Gedanken um einen guten Rumpf zu machen. Dies gilt aber nur für das Aufstellen „über Kopf" also mit dem Kiel nach oben. Es ist auch möglich, die Spanten auf den vorbereiteten Kiel zu montieren (schwieriger und fehleranfälliger vor allem verzieht sich das Gebilde dann gern). In jedem Fall werden die Zapfen später wieder entfernt.

Beim Kleben ist auf gute Haftung speziell am Rand zu achten. Denn sonst sind beim Sägen die Konturen nicht mehr zu sehen und das Ergebnis wird ungenau.

Sind alle Spanten aufgeklebt, dann wird es handwerklich. Die große „Sägeorgie" beginnt. Achten Sie auf Ihre Finger! Eine elektrische Bandsäge oder eine Stichsäge bewähren sich. Sägen Sie außen am Strich (Riss)

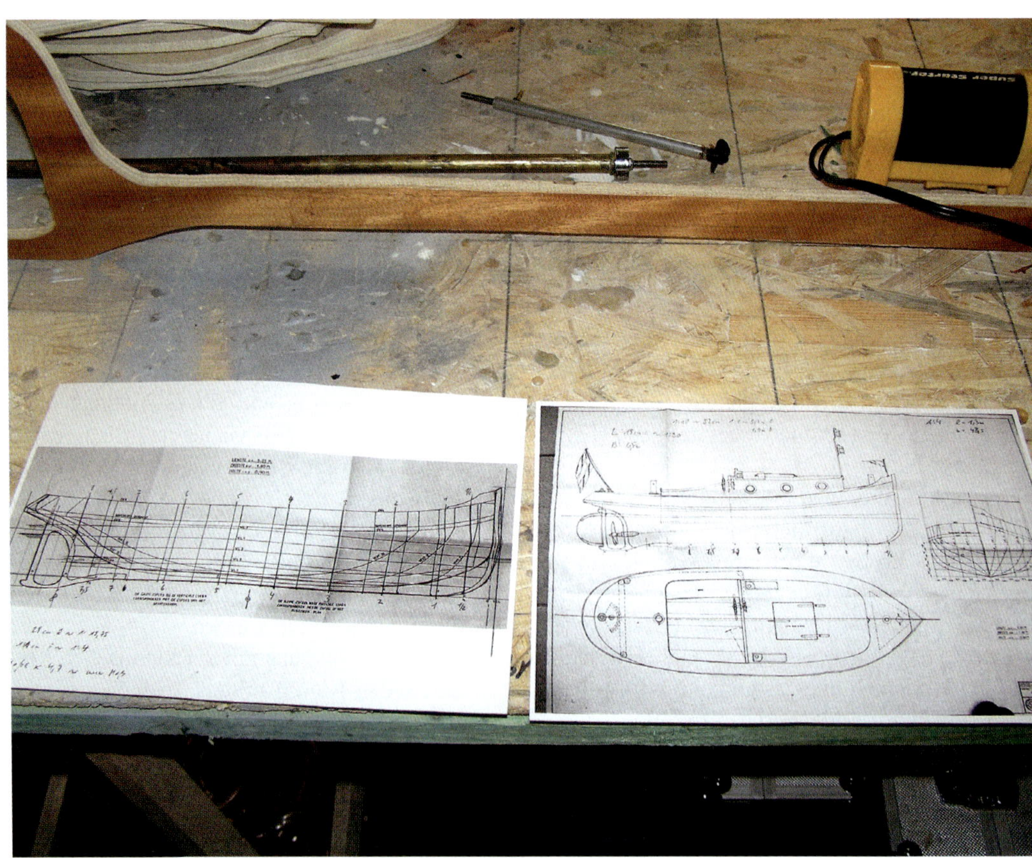

Die Spanten auf unserem einfachen Plan, dahinter ist der Kiel schon fertig und aufgestellt

entlang und bleiben Sie außen. Überstehendes Holz lässt sich nach dem Sägen relativ einfach mit Feile und Schleifpapier entfernen. Wenn was fehlt, weil das Sägeblatt dem Drang nach innen nicht widerstehen konnte, heißt das später Dellen spachteln.

90-Grad-Winkel, aber leicht schräg (siehe Foto). Das Aussplittern der Holzkanten vermeiden wir, indem wir die Werkzeuge leicht schräg nach vorne oder hinten führen und vor allem vorsichtig! Nun sind die Spanten alle ausgeschnitten und in Form gebracht.

**Der Stapel ausgesägter Spanten**

Die gesägten Spanten werden in Form gebracht. Verwenden Sie dazu z. B. einen Tellerschleifer oder einen Bandschleifer, solange diese einen senkrecht zum Teller oder Band liegende Auflage haben. Aber arbeiten Sie vorsichtig, denn die Maschinen nehmen in kurzer Zeit viel weg. Drücken Sie also ganz wenig gegen das Schleifmedium. Durch geschicktes Drehen entstehen die für unsere Schiffsrümpfe nötigen Rundungen.

Scheuen Sie sich nicht, mit Handwerkzeugen (Feile – die Raspel ist tabu! – Schleifpapier mit Klotz usw.) nachzuarbeiten. Man hat einfach mehr Gefühl und kann genauer arbeiten.

Wichtig ist dabei eine stabile Auflage auf dem Werktisch. Wir arbeiten dann im

Wir zeichnen jetzt die Innenausschnitte ein. Sie lassen sich im derzeitigen Zustand noch relativ einfach z. B. mit einer Stichsäge aussägen. Zeichnen Sie freihändig den Ausschnitt ein. Lassen Sie dabei ausreichend Material stehen. Je größer der Spant, umso mehr bleibt stehen. Beim Opduwer waren dies zwischen 1 und 2 Zentimeter. Wichtig: die Spanten müssen wie ein Ring aussehen – also oben einen Steg stehen lassen. Den können wir später eventuell als Decksauflage nehmen oder ausschneiden, wenn dort ein Decksausschnitt für die Einbauten hinkommt. Aber erstmal bleibt der Steg dran, sodass wir durch das geschlossene Kräftesystem eine höhere Festigkeit beim Rumpfbau haben.

## Fertigung des Kiels

Ähnlich der Herstellung der Spanten funktioniert es auch beim Kiel. Er darf gern noch stabiler und hochwertiger sein. Also Birkensperrholz, Siebdruck- oder Multiplexplatten sind dafür gerade gut genug. Falls Material, Maschine und Geduld vorhanden, kann der Kiel auch aus einer 1 cm dicken Aluplatte, ja sogar aus Stahl hergestellt werden. Das Gewicht an der tiefsten Stelle des Rumpfes stabilisiert das Fahrverhalten.

Allerdings soll nicht verschwiegen werden, dass sich Metall und Holz nicht leicht dauerhaft verkleben lassen. Deswegen habe ich mich beim Opduwer auf mein gutes „Wohnmobilsperrholz" in 13 mm Dicke verlassen.

Die Form des Kiels wird auf eine Pappschablone gezeichnet. Bitte ausreichend breit vorsehen. Hier hat man schon mal eine Vorstellung von Dimension und Form und es fallen Fehler in einer Phase auf, in der Änderungen noch einfach vorgenommen werden können. Zeichnen Sie die Spantabstände mit Materialstärke der Spanten gleich mit ein – und das genau. Je genauer, umso realistischer sieht später die Form des Rumpfes aus.

Das Aussägen und Nacharbeiten erfolgt wie bei den Spanten. Verwenden Sie ein ausreichend großes Brettstück, damit Sie nicht „stückeln" müssen, das ist der Stabilität nicht förderlich. Falls es doch notwendig ist, muss die Klebestelle der beiden Kielteile gut verstärkt werden (Holzleisten, Lochblech usw.).

Die Ausschnitte für die Spanten nehmen wir anschließend vor. Sie müssen genau, im rechten Winkel und mit ausreichender Tiefe vorgenommen werden. Die Spanten erhalten ebenfalls eine Nut, sodass die Teile ineinander gesteckt werden können, und so vor dem Kleben die Form kontrolliert werden kann.

## Aufstellen des Spantgerüstes

Wir brauchen ein stabiles Hellingbrett, sonst wird der Rumpf schon in der Entstehungsphase schief und gleicht eher einer Banane als einem symmetrischen Modellrumpf. Regalbretter oder Reste aus dem Baumarkt aus beschichteter Spanplatte sind ideal. Nehmen Sie die dickste, verfügbare Platte. Stabilität ist wie gesagt oberstes Gebot. Die beschichteten Platten haben zudem glatte saubere Oberflächen, auf die die Kiellinie und die Spantenabstände im 90-Grad-Winkel dazu gut eingezeichnet werden können. Nehmen Sie dazu einen schwarzen, wasserfesten Folienstift, er verwischt nicht so leicht und ist gut sichtbar.

Wieder eine Entscheidung: Wie befestige ich die Spanten auf dem Hellingbrett? Der ganze Rumpf muss nach Fertigstellung wieder vom Hellingbrett abgenommen werden

Das aufgestellte Spantgerüst. Hier sind die Spanten zwischen zwei Leisten geklemmt und werden von unten noch verschraubt

können. Verschraubt man z. B. die Spanten von oben mit Leisten oder Winkeln am Brett, dann kommt am Schluss nicht mehr an die Schrauben, denn es ist alles mit dem Rumpf abgedeckt. Also am besten eine Lösung wählen, bei der das Hellingbrett durchbohrt wird und von unten durch die Helling in die Spanten oder besser die angeschraubten Leisten der Spanten mit Spaxschrauben geschraubt wird. Achten Sie darauf, die Leisten in der Mitte zu treffen, sonst reißen diese durch die Schrauben aus.

Nehmen Sie sich für diese Arbeit Zeit und einen stabilen Arbeitstisch in Stehhöhe. Vor allem kommt es darauf an, die Spanten senkrecht (mit einem Anschlagwinkel kontrollieren) und im 90-Grad-Winkel zur Kiellinie (am gezeichneten Spantenabstand orientieren) zu befestigen. Für das erste Fixieren nehme ich gern Sekundenkleber, vor allem wenn die 3. und 4. Hand gerade nicht da ist. Wenn die Spanten die angesprochenen Zapfen für den Höhenausgleich haben, die ja wieder entfernt werden, dann könnte man die Spanten auch mit Zweikomponenten-Kleber befestigen. Er hält ganz gut und man spart sich die Arbeit mit den Leisten und den Bohrungen. Beim Lösen des Rumpfes von der Helling ist dann allerdings rohe Gewalt angesagt, sodass der Rumpf schon groß und vor allem stabil sein sollte, damit er nicht zerbricht.

Steht das Spantgerüst und es stimmen die Abstände und die Winkel, dann geht es an die nächste „Fleißarbeit". Die Spanten müssen an den Kanten so abgeschrägt werden, dass die Beplankungsleisten auf der ganzen Spantdicke anliegen und nicht nur an einer Kante. Das nennt man Straken. Mit einer sogenannten Strakleiste, die wir vorne am Bug annageln und entsprechende der Rumpfform gebogen an die Spanten halten sehen wir, wie viel auf jeder Seite von den Spanten abgeschrägt werden muss. Die Abschrägung geschieht am besten wieder mit Feile und Schleifpapier. Ganz Mutige verwenden auch mal die Raspel – ich rate davon ab. Als Endergebnis muss sich die Strakleiste möglichst an der ganzen Spantendicke anlegen lassen, dann haben wir beste Chancen, einen stabilen und „bauchfreien" Rumpf zu bekommen.

Sind wir mit dem Spantgerüst zufrieden, dann entscheiden wir uns für das passende Beplankungsmaterial.

Haben wir gerade Flächen, wie z. B. beim Mittelteil eines Tankers, dann können wir Sperrholzplatten nehmen, die am besten direkt an die Spanten angeschraubt werden. Verwenden Sie kleine Senkkopf-Spanplattenschrauben und treffen Sie die Mitte der Spanten genau!

Für geschwungene, gebogene Formen (leider meistens der Fall) brauchen wie viele Leisten, die leicht, weich und sehr biegsam sein müssen. Für mein Projekt Opduwer verwendete ich Balsaholzbretter aus alten Beständen der DDR, das ich von Lothar Hildebrand bekam. Diese Bretter mussten mit viel Fleiß auf einer Bandsäge in Leisten geschnitten werden (Danke, Friedhelm!). Machen Sie so was am besten im Freien, es staubt fürchterlich.

Balsaholz ist sehr leicht, lässt sich gut biegen und vor allem später gut schleifen. Es ist aber nicht gerade billig, wenn Sie nicht so eine gute „Quelle" haben. Es können auch Leisten von anderen Hölzern verwendet werden, am billigsten Kiefer oder Fichte, Linde wäre noch besser, ist aber teuer. Vielleicht bekommen Sie auch Reste oder Abfall beim Schreiner. Bei der benötigten Menge lohnt es sich, die Leisten selbst aus Brettern heraus zu sägen. Dazu kann besagte Bandsäge oder eine kleine Minikreissäge verwendet werden. Beide Male am besten mit Anschlag, dann haben die Leisten gleiche Dicke.

Ach, ja, die Dicke. Nicht zu dünn und nicht zu dick. Zu dünn lassen sie sich gut biegen, schleifen sich beim späteren Rumpf-in-Form-Schleifen aber vielleicht schnell durch. Zu dicke Leisten lassen sich schlecht verarbeiten und der Rumpf verzieht sich eher, da die Spannungen höher werden. Eine Dicke von 3 bis 4 mm für Kiefer und 5 mm für Balsa bei diesem Rumpf erschien uns damals optimal und hat sich auch bewährt.

Haben wir dann unser Bündel Leisten neben der Helling liegen, geht es los mit dem Beplanken. Die Leisten werden wechselseitig auf die Spanten geleimt und fixiert. Im Wechsel deshalb, damit sich durch die Trocknung der unterschiedlichen Materialien Beplankung und Spant nichts verzieht. Auch hier mit viel Holzleim arbeiten, viel hilft auch hier viel. Einiges vom Leim tropft ziemlich sicher auf das Hellingbrett durch, damit können wir aber leben. Das Hellingbrett taugt später eh – wenn überhaupt – nur noch für einen zweiten Versuch, auf der Rückseite.

Aus den Balsabrettern noch aus DDR-Beständen werden Leisten geschnitten

Balsaholzleisten können mit schräg durchgestochenen Stecknadeln gut auf den Sperrholzspanten befestigt werden. Das geht schnell und die Nadeln können nach der Trocknung relativ einfach wieder entfernt werden. Kaufen Sie genügend dieser Nadeln, im Bereich von einigen Hundert sind Sie auf der sicheren Seite. Nehmen Sie die mit großem rundem Kopf (z. B. Nadeln für Pinwände), keine ohne Kopf. Ihre Finger werden es Ihnen danken.

Wichtig ist auch, die Planken nicht nur an den Spanten zu verleimen, sondern auch untereinander, das heißt, an jeder Leiste muss an einer Längsseite eine kleine Leimraupe aufgetragen werden. Sparen Sie nicht mit Leim und wischen Sie außen überstehenden Leim am besten gleich mit dem Finger oder besser mit einem feuchten Tuch ab. Sonst haben wir später beim Schleifen des Rumpfes weiches Balsaholz und harten Holzleim auf einem Fleck und entweder dar Holzleim geht nicht weg oder bei mehr Schleifdruck wird zu viel vom weichen Balsaholz weg geschliffen.

Bei starken Krümmungen sollten die Leisten nass gemacht (Schwamm) oder sogar vorher in Wasser eingeweicht werden. Sie werden dadurch wesentlich flexibler und das Wasser trocknet wieder heraus. Mit unserem Holzleim verträgt sich die nasse Leiste gut und die Klebestelle hält trotzdem.

Passen Sie die letzten Leisten gut ein, damit möglichst keine oder nur kleine Spalten entstehen, das gilt für alle Beplankungsleisten. „Luftleimen“ ist weniger belastbar ...

Sind wir mit dem Beplanken fertig, sieht unser Rumpf wie ein Igel aus und die Nadeln haben hoffentlich gereicht.

Es besteht auch die Möglichkeit, die Planken aufzunageln. Dies hat Vor- und Nachteile. Vorteil ist, dass wir sofort eine gute Festigkeit haben und Nachteil, dass die Nägel später stören. Bei Balsaholz müssen wir zudem vorsichtig vorgehen, zu leicht reißt die Leiste durch den Nagel aus. Dafür können wir die Nägel leichter versenken und die Löcher später zuspachteln. Verwenden wir normale Holzleisten, muss jede Leiste an der Stelle, wo sie angenagelt wird, durchgebohrt werden. Sonst reißt die Leiste beim Annageln. Sehr aufwändig und nervig das Ganze! Zudem müsste jede dieser Bohrungen noch mit einem kleinen Senker angesenkt werden, damit der Nagel auch „verschwindet". Und nicht zuletzt stören die Nägel später beim Schleifen. Denn jetzt haben wir Holz und Metall, das wir wegschleifen müssen.

Letztendlich müsste jede neue Planke von der Schräge her an die vorhergehende angepasst werden, damit sie gut anliegt. Das geht mit den weichen Balsaholzleisten meist durch bloßes Andrücken und somit weit schneller.

Also es scheint erstmal klar, dass die Balsaholzleisten Vorteile haben. Die geringere Festigkeit gleichen wir im übernächsten Arbeitsschritt wieder aus.

Auf einer Messe gezeigt: Der zwischen den Spanten mit Styrodur ausgefüllte Rumpf wird mit Leisten beplankt

Den beplankten Rumpf lassen wir ein paar Tage an einem nicht zu warmen Ort (also nicht auf der Heizung) trocknen. So minimieren wir die Gefahr des Verziehens. Anschließend werden vorsichtig die Stecknadeln entfernt. Eine Flach- oder Spitzzange bewährt sich hier, denn einige Nadeln sind gut verklebt und die Köpfe gehen vermutlich ab. Nadeln ohne Köpfe und mit viel Kleber bitte gleich im Müll entsorgen. Sie sind kaum noch brauchbar. Schauen Sie genau, ob auch alle Nadeln weg sind, an den herausstehenden Exemplaren ohne Kopf kann man sich böse verletzen. Sind alle Nadeln entfernt können wir an eine schöne, aber staubige Arbeit gehen. Wir nehmen einen Schleifklotz aus Kork und belegen ihn mit einem groben Schleifpapier (80er Körnung). Damit Schleifen wir in Längsrichtung grobe Unebenheiten, Beulen und dergleichen weg. Risse und Schlitze schließen wir am besten jetzt mit Holzleim.

An noch feuchten Holzleim bleibt Schleifstaub hängen und schließt die Löcher und Ritzen. Gehen Sie dabei behutsam vor, wichtig ist, keine Löcher in den Rumpf zu schleifen, aber trotzdem die meisten hervorstehenden Unebenheiten wegzunehmen. Entfernen Sie den Staub am besten mit einem Industriestaubsauger, der in jeder Werkstatt zur Pflichtausstattung zählen sollte (uns genügt ein günstiger, wie er zwischen 20 und 40 € angeboten wird). Wir brauchen es mit der glatten Oberfläche nicht zu übertreiben, sie wird ja noch beschichtet.

Dieser Rumpf eines eleganten Sportbootes ist mit dünnem Flugzeugsperrholz beplankt

Sind wir mit dem Ergebnis zufrieden, hat es mit der Umweltfreundlichkeit schon ein Ende. Denn jetzt muss der Rumpf gegen Feuchtigkeit versiegelt werden. Wir verwenden dünnflüssige sogenannte Porenfüller, die im Baumarkt auch Schnellschleifgrundierung genannt werden. Neben dem Baumarktprodukt gibt es ein wirklich geniales Produkt aus dem „großen" Yachtbau: das von der Fa. Voss-Chemie hergestellte G4. Dieses dünnflüssige Einkomponenten-Polyurethanharz dringt komplett in die Holzschichten ein, härtet auch in dickeren Schichten aus und versiegelt das Holz wirklich gut. Es braucht keinen extra Härter, denn es härtet an der Luft aus. Leider ist es nicht ganz billig (ca. 18 € pro Liter) und ist als Privatperson meist nur über die Modellbauhändler zu bekommen, da offenbar nicht mehr an Privatpersonen verkauft wird. Ich habe beim Ausrüster für große Yachten bestellt und bisher immer etwas bekommen. Sparen Sie nicht am falschen Ende, Sie brauchen für ein Modell wie den Opduwer etwa 1,5 Liter davon.

G4 oder Schnellschleifgrund wird großzügig mit dem Pinsel aufgetragen, dabei gut lüften, am besten draußen arbeiten und Einmalhandschuhe tragen, dann bleiben die Finger sauber. Bitte vernachlässigen Sie nicht die entstehenden Gase, sie sind gesundheitsschädlich und nichts für geschlossene Räume.

Es müssen die üblichen Schutzmaßnahmen bei der Verarbeitung von lösungsmittelhaltigen Stoffen beachtet werden. Pinsel und Gebinde müssen mit Verdünnung gereinigt werden. Grundierung und Verdünnung dürfen nicht in die Umwelt oder die Kanalisation entsorgt werden. Ein bis zwei Mal im Jahr finden normalerweise kostenlose Problemmüllsammlungen statt, bei denen diese Stoffe abgegeben werden können.

Ist die Versiegelung getrocknet, wird die Oberfläche mit Epoxidharz und eingelegten Glasfasermatten versiegelt. Dazu brauchen wir erstmal Glasfasermatte in mittelschwerer Qualität. Wir haben die mit 160 g pro Quadratmeter genommen, sie hat zudem die von

Damit wird grundiert (am besten mit G4, rechts im Bild)

der Jeans her bekannte Köperbindung, ist also recht stabil. Feinere Matten, auch Glasvlies, sind nicht stabil genug für unsere großen Rümpfe, können aber für das Deck oder für Ausbesserungen verwendet werden. Die ganz grobe, schwere Glasmatte, wie sie im Kfz-Bereich gern verwendet wird, kommt für uns kaum in Frage, da sie sich gern in Streifen auflöst (nur lockere Bindung) und die Oberfläche sehr rau wird. Die beschriebene mittlere Matte bestelle ich ebenfalls beim Yachtzubehörhandel, dort ist sie immer noch am billigsten. Hier bekommt man auch große Flächen im Quadratmeterbereich.

Auch hier wieder: kaufen Sie nicht zu wenig! Glasfasermatte altert nicht und kann immer wieder verwendet werden. Für unseren Opduwer in 1:4, der außen und innen beschichtet werden soll brauchen wir leicht 2-3 m².

Gelegentlich verwenden Modellbauer noch das aus der Kfz-Technik bekannte Polyester-Harz. Es ist das Harz, das so extrem riecht. Grundsätzlich brauchbar, weist es aber neben der geringeren Festigkeit auch noch den Nachteil auf, dass es beim Anrühren zu schnell aushärtet und für große Flächen somit nicht geeignet ist.

Wir nehmen am besten das im Fachhandel, im Internet oder wieder im Yachtzubehörhandel erhältliche Epoxidharz. Wir brauchen Harz und den passenden Härter dazu, die in der Regel im Verhältnis 100:40 gemischt werden. Dieses auf der Flasche angegebene Verhältnis ist penibel einzuhalten, sonst haben wir statt einer harten Oberfläche eine

So sieht der außen laminierte Rumpf aus

„Matschfläche“. Zu beachten ist bei der Wahl des Härters die sogenannte Topfzeit. Diese gibt an, wie lange das Gemisch „im Topf“ verarbeitet werden kann. Angeboten werden Zeiten von 20 bis 60 Minuten. Es gibt auch Spezialgebinde beispielsweise für Reparaturen, die eine Topfzeit von 1 bis 5 Minuten haben. Ich verwende eigentlich nur die Variante mit 40 Minuten.

Laminieren (so der Fachbegriff für das Arbeiten mit Harz und Gewebe) gelingt eigentlich immer, wenn man einige Regeln beachtet.

Alles Arbeitsmaterial muss vorher bereitstehen – dazu gehören verschiedene am besten alte, aber qualitativ nicht zu billige Pinsel (sie können nicht wieder verwendet werden) in verschiedenen Größen, gern auch benutzte oder leicht harte. Einmalhandschuhe für den Fingerschutz, Arbeitskittel oder Schürze. Flecken in Kleidung gehen nicht mehr heraus und wir wollen zu den üblichen Sekundenkleberflecken auf der Jogginghose nicht auch noch weitere dazubekommen – vor allem keine weiteren Rügen der „besseren Hälfte“ bekommen. Zum Mischen ein ausreichend großes Gefäß, zur Sicherheit am besten eine Blechdose. Denn große Mengen werden bei der Reaktion warm bis heiß und so mancher Joghurtbecher hat sich samt Harz schon auf der Arbeitsfläche verteilt, weil es ihm zu warm geworden ist. Die Arbeitsfläche wird am besten mit Pappe ausgelegt, also immer die Verpackungen von großen Möbeln usw. aufheben. Zeitungspapier ist nicht so günstig, es klebt gern an Pinseln und Gebinden. Bei Wegnahme derselben reißt man gern das angepappte Zeitungspapier und die darauf befindlichen Sachen mit. Für das richtige Mischungsverhältnis nimmt man am besten eine digitale, kleine Küchenwaage, die aufs Gramm genau anzeigt. Sie sollte über eine Tara-Funktion (Zuwiegefunktion) verfügen, dann braucht man nicht so viel zu rechnen.

Eine digitale Küchenwaage leistet gute Dienste

Nehmen Sie nicht die Küchenwaage, auch nicht „mal nur schnell“. Garantiert landet dann etwas Harz oder Härter auf der Waage und dann gibt es Probleme … Kaufen Sie sich für ca. 10 € Ihre eigene Waage beim Discounter, man braucht sie immer wieder. Ich verwende meine sogar im Büro zu Hause als Briefwaage.

Das Mischungsverhältnis lässt sich auch nach dem Volumen berechnen, dann muss in zwei verschiedenen Messbechern (gekennzeichnet!) Harz und Härter abgefüllt und in das Mischgefäß geschüttet werden. Diese Methode vermeidet zwar die Waage, hat aber zwei Nachteile: erstens bleibt in den Gefäßen immer ein Rest zurück, der dann für das Mischungsverhältnis fehlt. Damit ist das Ganze relativ ungenau und es ist aufwendiger als aus der Flasche gleich in das Mischgefäß zu gießen.

Bevor Sie mixen, müssen Sie die benötigten Glasfasermatten zuschneiden und (am besten beschriftet) bereitlegen. Eine leichte Überlappung der Flächen von ein bis maximal 2 cm muss einberechnet werden. Heben Sie alle noch so kleinen Reste auf, sie können zum Stopfen von Löchern oder zum Ausbessern verwendet werden. Geschnitten wird die Matte mit speziell erhältlichen Scheren. Eine größere, stabile und vor allem noch scharfe Schere tut es auch. Sogenannte Pappscheren verwende ich gerne. Bitte keine stumpfen, alten Scheren verwenden, die Fasern werden nicht durchgeschnitten, verhängen sich in der Schere usw. Man wird nicht froh dabei.

Zeit und Ruhe sind auch noch wichtig, denn man muss sich schon konzentrieren und den Arbeitsgang auf einmal anfangen und beenden. Am besten hält das Laminat, wenn es nass in nass aufgetragen wird.

Zum Auftragen verwenden wir verschiedene Pinsel, besonders für das Tupfen in Kanten und über Ecken. Für größere Flächen können auch Rollen verwendet werden. Mit ihnen können auch Luftblasen ausgerollt werden.

Es gibt verschiedene Laminiertechniken. Die Profis, speziell die Rennbootbauer mit ihren „Gewichtsproblemen" arbeiten unter Umständen etwas anders als wir „Normalos". Bei uns kommt es nicht auf ein Leichtgewicht an (im Gegenteil) und auch eine makellose Oberfläche interessiert uns erstmal weniger. Zum Schluss wird eh noch einiges gespachtelt. Wir verwenden auch keine Zusätze, die die Blasenbildung vermeiden oder Baumwollflocken zum Andicken genauso wie Glasfaserschnitzel usw.

Noch etwa ist ganz wichtig: Wellen, Lager, Schiffsschrauben, Gewinde, Bohrungen usw. müssen abgedeckt werden – am besten mit Klebeband. Bohrungen werden in der Regel zu laminiert und später (von innen) wieder aufgebohrt, das ist einfacher, als außen herum zu laminieren.

## Es geht los!

Mit Roller oder Pinsel wird der Rumpf erstmal dünn eingestrichen. Dies kann auch abschnittweise pro Glasfaserbahn geschehen. Anschließend wird die passende Glasfasermatte aufgelegt und angedrückt. Mit Pinsel oder Rolle wird dann auf der Matte so viel Harz gleichmäßig und ohne Luftblasen verteilt, bis diese sich komplett vollgesogen hat. Mehr bitte nicht, der Rest läuft herunter und befestigt unsere Spanten noch stabiler auf dem Hellingbrett.

Wenn die Matten gut zugeschnitten sind und ausreichend Harz angemischt wurde, ist unser doch relativ großer Opduwer-Rumpf in knapp einer halben Stunde von außen fertig laminiert.

Der Rumpf bleibt so erstmal eine Woche stehen. Dann ist das Harz komplett durchgehärtet und die Lösungsmittel verdampft. Jetzt muss sich die Oberfläche trocken anfühlen, wenn nicht, dann stimmte das Mischungsverhältnis nicht und wir haben ein kleines Problem. Falls dem so ist, bleibt uns nichts anderes, als die „babbige" (=klebrige) Oberfläche mit einem rauen Schleifpapier soweit es geht abzuschleifen und noch ein-

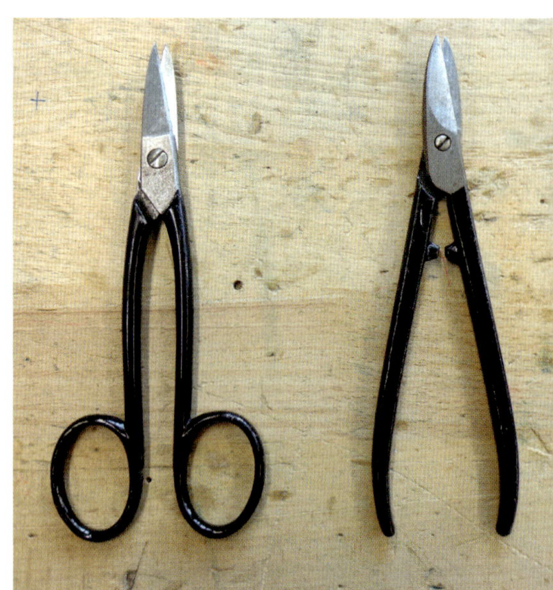

**Eine stabile Lotschere leistet oft gute Dienste. Hier zwei verschiedene Ausführungen, wobei die linke praktischer ist**

mal eine dünne Schicht Harz eventuell mit Glasvlies drüber zu laminieren.

Ist der Rumpf trocken, dann entfernen wir zuerst die groben Überstände der Glasfasermatten, die wenn mit Harz vollgesogen, teils wie Stacheln rausstehen. Also Vorsicht, stechen Sie sich nicht. Wir verwenden zum Abschneiden von Gewebe mit und ohne Harz am besten eine sogenannte Lotschere/Feinblechschere. Dabei handelt es sich um eine recht stabile Schere mit einer kleinen Klinge, aber großem Hebelarm.

Größere Harzreste oder dicke Gewebebereiche, z. B. am Rand, schneiden wir am besten mit einer kleinen diamantbesetzten Trennscheibe und einer Mini-Bohrmaschine ab. Aber aufgepasst. Dabei entsteht sehr viel und vor allem sehr unangenehmer Staub. Eine Schutzbrille ist obligatorisch, die Hände in Handschuhen, alter Pullover an den Ärmeln über die Handschuhe gezogen. Halstuch oder zugeknöpfter Kragen und unbedingt draußen arbeiten. Das Problem ist hierbei, dass auch das Glasgewebe durchgeschliffen wird und sich kleinste Glaspartikel im Staub befinden. Wie das jucken kann, weiß jeder, der beim Hausbau schon mal mit Glaswolle isoliert hat.

Ebenso verfahren wir, wenn wir mit der Maschine den Rumpf abschleifen. Für kleinere Sachen bietet sich der rotierende Schleifzylinder der Minibohrmaschine an, ebenso für Luftblasen, die wir unbedingt ausschleifen und mit Harz reparieren müssen. Ansonsten schleifen wir mit grobem Schleifpapier auf unserem Schleifklotz grob ab.

Theoretisch können wir den Rumpf jetzt schon von der Helling lösen, aber für die Spachtel- und Schleifarbeiten können wir den auf der Helling fixierten Rumpf viel besser handhaben.

Also auf zum nächsten Arbeitsschritt – Spachteln und Schleifen!

Nachdem wir auf das Gewicht (unseres Rumpfes, auf unser Gewicht schon!) nicht achten müssen, können wir Spachtel satt verwenden. Für meinen Opduwer habe ich ca. 3,5 kg davon verwendet. Wir kaufen uns in der Auto-Abteilung des Baumarktes am besten eine 2-kg-Dose Polyester-Spachtel. Dies erscheint bei den Mengen, die wir brauchen wirtschaftlich. Einen speziellen Epoxidspachtel, der dort zum vielfachen Preis angeboten wird, brauchen wir wirklich nicht.

Der Polyester-Spachtel riecht sehr intensiv, also nicht in geschlossenen Räumen verwenden, man riecht es sonst im ganzen Haus. Zum Anmischen nehmen wir den mitgelieferten Plastikdeckel oder ein Abfall-Holzbrett. Entnehmen Sie aus der Dose die Spachtelmasse mit einer flachen Leiste und geben Sie ihn auf das Mischbrett. Dose wieder verschließen. Anschließend wird aus der mitgelieferten Tube der knallrote Härter zugegeben. Die Menge beträgt ca. 2-3%. Außer wieder die Präzisionswaage und den Taschenrechner zu verwenden, wüsste ich nicht, wie diese Menge genau abgemessen werden sollte. Glücklicherweise ist der Polyester-Spachtel nicht so empfindlich seitens des Mischungsverhältnisses wie unser Epoxy. Gut durchmischen, man sieht es an der Farbe, wie die Mischung gemixt ist. Wenn aus dem Grau der Spachtelmasse mit dem Rot des Härters ein gleichmäßiges Rosa geworden ist, sind wir fertig. Jetzt läuft die Zeit – wir haben ca. 5 Minuten, den Spachtel möglichst sinnvoll aufzutragen. Also die Menge nicht zu groß wählen, sonst wirft man teures Material weg. Bitte den zum Schluss gummiartig, auch bröselig werdenden Spachtel nicht mehr verwenden. Wir ziehen am besten mit einem breiten Spachtel mit Griff eine gleichmäßige einige Millimeter dicke Schicht auf den Rumpf auf. Ist eine Delle oder eine Vertiefung zu sehen, dann kommt unter Umständen schon mal eine Schicht mit einem Zentimeter Dicke drauf. Dicker würde ich es auf keinen Fall machen. Wenn alles trocken ist (ca. nach einer halben Stunde), dann können wir mit dem Schleifen beginnen. Hier bewährt sich wieder der Schleifklotz mit Schleifpapier von 80er bis 180er Körnung. Verwendbar sind auch sogenannte Deltaschleifer, die mit einem vibrierenden Dreiecksteller punktuelles und flächiges Arbeiten ermöglichen. Kleine Bandschleifer oder Schwingschleifer können ebenfalls verwendet werden. Entfernen Sie zwischendurch und am Ende des Schleifens den Schleifstaub unbedingt mit einem Staubsauger (bitte nicht mit dem aus der Wohnung!). Achten Sie darauf, die Epoxidharzschicht nicht durchzuschleifen, ansonsten müssen Sie wieder mit Epoxy reparieren.

Mehrere Male wird gespachtelt und geschliffen. Wundern Sie sich nicht, wenn über die Hälfte Ihrer aufgetragenen Spachtelmasse wieder runter geschliffen wird. Der Spachtel soll ja nur in den Vertiefungen bleiben nicht als Schicht oben drauf. Hier sind Geduld und Ausdauer gefragt, es macht aber auch viel Spaß, denn der Rumpf wird von Arbeitsgang zu Arbeitsgang schöner.

Zum Ende kann man dann Feinspachtel verwenden, den es wieder zum Anrühren oder als Einkomponentenspachtel aus der Tube gibt. Sprühspachtel aus der Spraydose halte ich für unsere Zwecke für übertrieben, da wir ja keine makellos glatte Oberfläche brauchen. Wenn der Rumpf ausreichend glatt ist, muss er konsequent vom Staub befreit werden. Nach dem Staubsauger kommt ein feuchtes Tuch zum Einsatz, mit dem die letzten Staubreste entfernt werden.

Jetzt kann die erste Farbschicht drauf. Nehmen Sie irgendeine Farbe, die Sie gerade übrig haben. Sie wird zum größten Teil ohnehin wieder runtergeschliffen. Denn nach dem Trocknen der Farbe sieht man erst die vielen kleinen Dellen und Unebenheiten, für deren Beseitigung dann noch einmal einige Feinspachtel-Sitzungen nötig sind.

**Ein Bandschleifer hilft bei anstrengenden Schleifarbeiten**

Rumpf mit erster Farbschicht

Bewährt haben sich zum Schleifen auch sogenannte Schleifkissen. Das sind Schaumstoffblöcke, Maße etwa 10×5×2 cm, die mit Schleifkörnern überzogen sind und gut in der Hand liegen und vor allem gut über Rundungen geführt werden.

Wenn Sie zufrieden sind, tragen Sie die zweite Farbschicht auf, am besten mit dem Farbton, den das Unterwasserschiff später haben soll. Also Rot als Anti-Fouling-Anstrich oder in meinem Fall Schwarz. Bei den Opduwern ist man farblich relativ frei. Alles ist möglich. Sollten sich Farbe und Feinspachtel nicht vertragen, nehmen Sie am besten wasserlösliche Farben, mit denen hat der Polyester-Spachtel kein Problem.

Es ist soweit: wir nehmen den Rumpf von der Helling ab! Dazu schrauben wir alle erreichbaren Befestigungsschrauben der Spanten ab und spannen das Hellingbrett gut auf einem stabilen Werktisch fest. Mit einem Stemmeisen/Stechbeitel und einem Holzhammer (schonen Sie ihre Hand, nehmen Sie keinen normalen Schlosserhammer aus Stahl!) trennt man mit Gefühl und Gewalt im richtigen Verhältnis die Spanten von dem Hellingbrett. Dabei sollte möglichst wenig kaputt gehen. Am besten von mehreren Seiten arbeiten, dann bricht weniger.

Sind Rumpf und Helling endlich getrennt, können wir unser Werk von innen betrachten. Es sollte eine raue, aber gleichmäßig verklebte Balsaholzoberfläche zwischen den Spanten zu sehen sein. Nahtstellen zwischen den Spanten und zwischen Spanten und Beplankung kleben wir gleich mit Holzleim nach, gut verstreichen und vor allem gut trocknen lassen.

Während der Trockenzeit fertigen wir uns am besten einen stabilen Bootsständer aus dicken Tischler- oder Siebdruckplatten an. Die Kontur des Rumpfes kann man mit gebogenem Schweißdraht, mit Karton, profihaft mit einer Konturenlehre oder „frei nach Schnauze“ abnehmen. Dabei teilen wir den Rumpf grob in drei Teile ein und nehmen jeweils nach ein bzw. zwei Dritteln das Maß ab. Eine Kartonschablone ist sicher auch nicht verkehrt.

Die Rumpfkontur wird aufs Holz übertragen, dabei 2 bis 3 mm größer zeichnen, da noch eine Gummiauflage zur Schonung des Farbanstrichs auf den Bootsständer kommt. Aussägen wie bei den Spanten, Schleifen, Bohren, Kontur überprüfen, Zusammenschrauben und zwei Verstärkungsleisten mit anschrauben/anleimen. Anschließend erfährt der Bootsständer eine Behandlung mit G4 und Klarlack oder wahlweise auch farbigem Lack. Dieser dient hauptsächlich dazu, das Ganze wasserfest zu machen. Tragegurte können angebracht werden, sie müssen stabil und reißfest sein und gut befestigt werden. Im Baumarkt gibt es Meterware von verschiedenen Gewebegurten, ähnlich denen, wie sie für Rollläden verwendet werden.

Jetzt hat unser Rumpf beim Weiterarbeiten einen guten Stand. Und es geht innen weiter: Die Verbindungen sind nachgeklebt, es kommt wieder G4 (oder Schnellschleifgrundierung oder Porenfüller) zum Einsatz. Diesmal gehen wir noch großzügiger damit um und streichen alles richtig satt ein. Es sollte jeder kleine Hohlraum, Spalte usw. damit gefüllt werden. Auch die Spanten werden mit gestrichen und so gleich mit konserviert. Nicht komplett ausgießen, dazu kommen wir später.

Wenn unsere Grundierung getrocknet ist, bekommt der Rumpf eine Beschichtung mit Harz und Gewebe, wie bereits für Außen beschrieben. Verwenden Sie die Reststücke für die vielen Kanten und sparen Sie nicht mit

**Ein stabiler Bootsständer ist bei 30 kg Bootsgewicht wichtig!**

dem Harz. Stellen Sie den Rumpf mit dem Bootsständer möglichst eben auf (Wasserwaage). Das sich am Boden sammelnde Harz verteilt sich gleichmäßig.

Wer möchte, kann jetzt schon Ballast auf dem Boden verteilen, er wird dann mit dem trocknenden Harz gleich mit festgeklebt. Unser Ballast soll möglichst an den untersten Bereichen des Rumpfes angebracht werden und wegen des Schwerpunktes weitestgehend flach bleiben. Zudem sollte er möglichst symmetrisch verteilt werden. Erfahrungsgemäß muss an Bug und Heck am meisten Gewicht rein, da kann man also etwas großzügiger verfahren.

Als Ballast bietet sich natürlich Blei mit dem größten Gewicht an. Stahlplatten, Stahlschrott, alte Muttern, Schrauben usw. gehen genauso. Im Bug meines Opduwers befinden sich sogar zwei Hände voll Kies, weil gerade nichts anderes verfügbar war. Je kleiner der Ballast ist, umso besser kann er verteilt und in die untersten Hohlräume eingebracht werden. Blei von den Luftgewehrschützen (benützt oder neu) oder Eisenschrotkugeln bewähren sich. Allerdings dürfen sich diese später im Schiffsmodell nicht mehr „frei bewegen“, denn der Magnet des Elektromotors zieht die Eisenkugeln magisch an und diese verklemmen sich gern im Motorinneren. Motor- und Reglerschäden sind so vorprogrammiert.

Nachdem alles durchgetrocknet ist, werden Gewebe- und Harzreste wie besprochen

**Der „gemischte“ Ballast aus Stahlteilen und Eisenkugeln**

entfernt, abgeschliffen usw. Nach gründlichem Aussaugen des Rumpfes erhält er einen Innenanstrich mit möglichst weißer, leicht verdünnter Farbe. Das konserviert letzte Holzteile, kleine Risse und Luftblasen und schützt den Ballaststahl vor Korrosion. Blei wird ebenfalls konserviert und kann sein Gift nicht mehr abgeben.

Der Rumpf ist soweit fertig und es kann der obere Rand entsprechend der Rumpfform abgeschnitten werden. Dabei sollte genau angezeichnet werden, am besten mit Kartonschablonen. Wenn Sie etwas zu viel abschneiden, kann das später wieder repariert werden, wenn das Deck drauf ist. Arbeitsschiffe und speziell unsere Opduwer weisen im Original auch oft Reparaturstellen auf. Man bekommt die Reparatur auch so hin, dass man später nichts mehr sieht

## Fertigrümpfe

Über Fertigrümpfe sollten wir nicht „die Nase rümpfen" – sie sind eine Alternative für den Anfänger, der sich noch nicht an den Rumpfbau heranwagt. Sie verkürzen die Bauzeit und verringern Fehlermöglichkeiten, sie erleichtern aber auch den Geldbeutel und sind nicht immer von besserer Qualität als die selber gebauten Schiffskörper. Die leichteren in der Regel tiefgezogenen Rümpfe aus ABS müssen oft erst durch Spanten und Decksunterzüge verstärkt werden, damit sie nicht mehr so labil sind. Und ganz wichtig: möglichst bald außen und innen lackieren. Denn die Weichmacher entweichen aus dem Material und lassen es spröde werden. So kann ein innen nicht lackierter ABS-Rumpf nach einigen Jahren Risse und Sprünge bekommen, ja sogar zerbrechen.

Laminierte Rümpfe aus Epoxidharz sind wesentlich stabiler und langlebiger. Leider sind sie auch schwerer und natürlich teurer. Sie sollten bei Modellen ab ca. 50 cm Länge aber auf jeden Fall erste Wahl sein.

Ein Fertigrumpf aus Plastik wird für meinen Schlepper Franz H. verwendet. Benannt nach einem tollen Kollegen und Sportler Franz Herzgsell

# Kapitel 6: Antriebe

Dampf? – nein wir bauen in diesem Buch keine Dampfmaschine selbst! Dazu gibt es viele gute Fachbücher z. B. das Buch „Modelldampfschiffe mit Dampfantrieb“ (Best.-Nr. 3120042) aus dem VTH-Programm. Aber eine gekaufte und gut funktionierende Dampfmaschine in einen selbst gebauten Raddampfer einbauen, das hat was und ist an Faszination kaum noch zu toppen.

Verbrennungsmotor? – Es sind kaum noch Gewässer zu finden, auf denen damit gefahren werden darf, zudem ist er schwierig in der Handhabung, stinkt und ist laut.

Elektromotoren sind leiser, umweltfreundlicher und viel einfacher zu handhaben. In Sachen Leistung stehen sie den Verbrennungsmotoren inzwischen in Nichts mehr nach. Die heute verfügbaren Elektromotoren und Akkus sind den meisten Verbrennungsmotoren inzwischen sogar überlegen.

Wir brauchen die Sorte mit viel Drehmoment für unsere Arbeitsschiffe, also die Dicken. Die Rennmotoren der Power-Boat-Szene sind für uns viel zu hochtourig und zu teuer. Nützlicher Nebeneffekt ist, dass diese großen Motoren oft wenig Strom verbrauchen und somit die Fahrzeit bei unseren großen Akkus hoch ist.

Außerdem brauchen wir für unsere völligen (bauchigen) Rümpfe ohnehin eine Menge Ballast, damit das Schiff auf den richtigen Tiefgang kommt. Was liegt also näher, auch den Motor groß, schwer und damit ausreichend kräftig zu wählen?

**Verschiedene „dicke“ Elektromotoren**

Für eine gute Befestigung des Motors muss gesorgt werden. Das teilweise „gewaltige“ Drehmoment des Motors muss im Rumpf abgefangen werden und auf die Welle wirken, nicht auf das Mitdrehen des Motors. Es gibt verschiedene Möglichkeiten, dies zufriedenstellend auszuführen.

Käufliche Motorhalterungen in Winkelform enthalten bereits die Befestigungsbohrungen für den Halter und vor allem die richtigen Bohrabstände für die Befestigung des Motors. Sie können auch selbst aus einem U-Profil aus Alu hergestellt werden. Schwierig ist dabei das genaue Abmessen, Anreißen und Bohren der Motorbohrungen für Befestigung und Lager. Seien Sie da nicht so streng mit sich – ohne Drehmaschine ist eine exakte Fertigung kaum möglich. Der Motor muss festgeschraubt werden können, auch wenn die Bohrungen etwas zu groß sind oder nicht exakt stimmen. Problematisch ist ohnehin nur die große Bohrung in der Mitte, die meist aufgefeilt werden muss.

Nehmen Sie für die Motorschrauben unbedingt die passende Größe (oft sehr unüblich, z. B. M2,6) und vor allem Innensechskantschrauben. Die können Sie nämlich nach Einbau im Rumpf mit einem kleinen Winkel-Inbusschlüssel gut wieder lösen.

Motorhalter aus einem Alu-Winkel

Als alternative Halterung verwende ich oft nur eine Auflage aus Holz für den richtigen Winkel mit einer Bohrung, durch die ein Kabelbinder gezogen und der Motor damit fixiert wird. In der *Grimmershörn* wurde der große Elektromotor mittels eines Stempels von oben her verschraubt. Er läuft „etwas“ unrund und kann sich so leicht bewegen.

Bei allen Varianten können Sie noch mit Gummizulagen arbeiten, um die Vibrationen des Motors nicht auf den Rumpf zu übertragen.

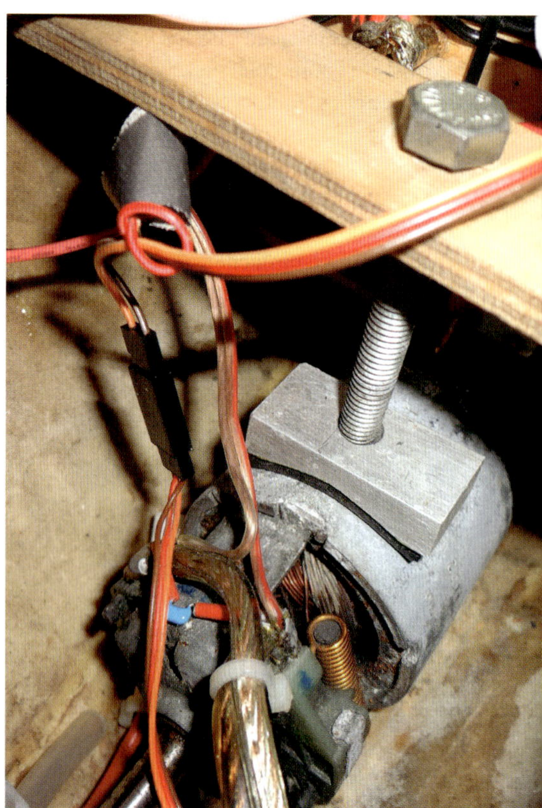

Die eher unkonventionelle, aber dafür selbst gebaute, Motorhalterung in der Grimmershörn

# Kapitel 7: Elektrik

Hier sollen nur ein paar Grundlagen gezeigt werden – versprochen! R = U/I – wenn Ihnen dies bekannt vorkommt, haben Sie schon gewonnen. Alle anderen brauchen nicht zu verzweifeln. Es gibt hier keine Nachhilfe zum Thema Ohm'sches Gesetz, aber wenn der Schiffsmodelbauer davon ein wenig Ahnung hat, ist es von Vorteil.

Aber der Reihe nach: Es reicht, wenn wir einige Kenntnisse von Elektrik haben oder uns aneignen. Tiefer gehende Elektronikkenntnisse brauchen Fortgeschrittene, die Schaltungen verstehen oder selbst bauen wollen. Uns reicht es (erst einmal), dass wir unsere Modelle zum sicheren und zuverlässigen Funktionieren bringen.

Wir beschränken uns also auf das Wesentliche. Profis und beruflich „Elektrische" können entweder weiterblättern oder beim Lesen schmunzelnd an ihre eigenen Anfänge denken.

### Keine Angst vorm Löten!

Für die elektrische Verbindung von Kabeln (die ja eigentlich Leitungen heißen – Kabel kommen normalerweise in die Erde) kommen wir am Löten (Weichlöten) nicht vorbei. Neben der ausreichenden elektrischen Verbindung stellen wir auch eine gewisse mechanische Festigkeit dieser Verbindung her.

Als Werkzeuge brauchen wir einen ganz kleinen (15 Watt), einen mittleren (30 Watt) und einen dicken (150 Watt) elektrischen Lötkolben.

Ja nach Lötstelle und Größe des zu lötenden Bauteils müssen wir mehr oder weniger Hitze zuführen. Von kleinen und großen Gasflammen rate ich beim Weichlöten ab, zu gefährlich und schwer zu kontrollieren. Ein Heißluftfön, der bis zu 600 Grad heißen Luftstrom liefern kann, ist für große Teile hilfreich. Aber auch hier sollte eine Punktdüse zum Einsatz kommen, um die Umgebung nicht unnötig zu erhitzen.

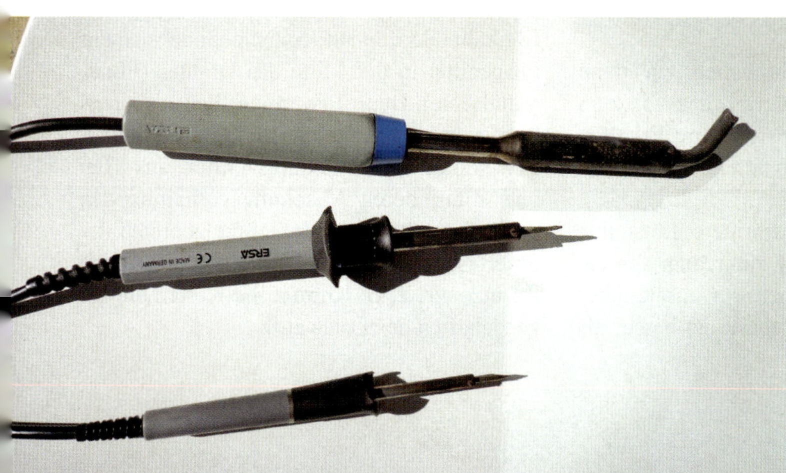


Drei verschieden leistungsfähige Lötkolben

Ein Heißluftgebläse kann zum großflächigen Löten verwendet werden

Die Ausstattung zum Löten besteht zudem aus einem stabilen Halter für den Lötkolben, auf dem er im heißen Zustand abgelegt werden kann, ohne die Werkbank oder andere entzündliche Dinge anzukokeln. Ein Seitenschneider für das Ablängen des Drahtes, eine Abisolierzange (neuerdings gibt es auch beides in einem), eine Spitzzange und eine Pinzette zum Halten von heißen Bauteilen oder Drähten und einige Holz-Wäscheklammern (klar, warum wir die aus Plastik nicht verwenden können). Das Alles auf einer einigermaßen robusten Unterlage z. B. einer Spanplatte oder Tischlerplatte, diese vielleicht noch mit Blech überzogen (aber das ist bereits Luxus).

Für das Weichlöten brauchen wir dann noch das Lot, unser Material, das wir zum Fließen bringen und das sich beim Erkalten in die Oberfläche der zu lötenden Bauteile „einkrallt“.

Für größere oder schwierigere Lötstellen (z. B. beim Relinglöten) kann man für ein brauchbares Ergebnis noch ein zusätzliches Flussmittel auftragen (Lötpaste ist besser als Lötfett). Ohne Flussmittel geht es nicht. Es hat zwei wichtige Aufgaben zu erfüllen: es reinigt die Lötstelle und schließt sie zweitens beim Erwärmen gegen den Luftsauerstoff ab. Die Lötstelle muss ja metallisch blank gereinigt sein. Das geschieht mit Schleifpapier oder einer kleinen Drahtbürste. Erwärmt man dann diese blanke Lötstelle, dann läuft sie wieder an, das heißt, es entsteht mit dem Luftsauerstoff zusammen Metalloxid, das wirkungsvoll das Eindringen des Lotes in die Metalloberfläche verhindert. Das Flussmittel schmilzt vor dem Lot und geht so seinen Aufgaben nach, bevor das flüssige Lot auf die Lötstelle gelangt. Bei der Verwendung von Lötdraht oder Lot auf Rollen befindet sich das Flussmittel in der Mitte des Drahtes (Flussmittelseele). Beim Erwärmen fließt es zuerst heraus, bevor das ummantelnde Lot schmilzt.

Weichlot besteht hauptsächlich aus Blei und Zinn, deren Mischungsverhältnis den Schmelzpunkt bzw. den Schmelzbereich definiert. Eine Rolle spielen dabei auch einige Zusätze wie z. B. Kupfer. Sie werten die Eigenschaften des Lotes auf.

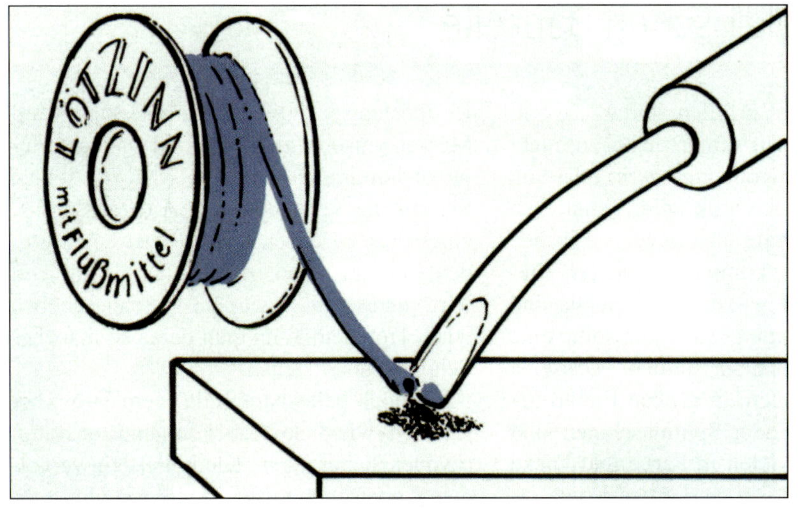


Weichlot als Draht mit Flussmittelseele

Wir verwenden für unsere Elektrik- und Elektronikzwecke am besten Elektroniklot mit einem Zinn-Anteil von 60 % und einer Dicke von ein bis zwei Millimetern. Für größere Lötstellen kann auch Fittingslot (von den Heizungsbauern) mit extra Flussmittel (Lötpaste oder Lötwasser) verwendet werden.

### Anleitung für erfolgreiches Löten:

1. Lötstelle vorbereiten, Lötkolben erwärmen lassen und die zu lötenden Teile aneinander mechanisch (Drähte zusammendrehen usw.) und auf dem Arbeitstisch fixieren.
2. Lötstelle gleichmäßig erwärmen (beide Teile)
3. Lot zuführen und an der Lötstelle schmelzen lassen
4. Lot wegnehmen
5. Lot fließen lassen und erst jetzt den Lötkolben weg nehmen
6. Die Lötstelle erschütterungsfrei erkalten lassen.

Wenn Sie diese Regeln (hundertfach in der Schule erprobt) beachten, können Sie nach einigen Versuchen perfekte Lötstellen herstellen. Diese Lötstellen müssen glänzend und nicht mattgrau aussehen und die zu lötenden Teile gut umschlossen haben. Sieht die Lötstelle nicht so aus, dann löten Sie unter Zusatz von Lot einfach noch mal nach.

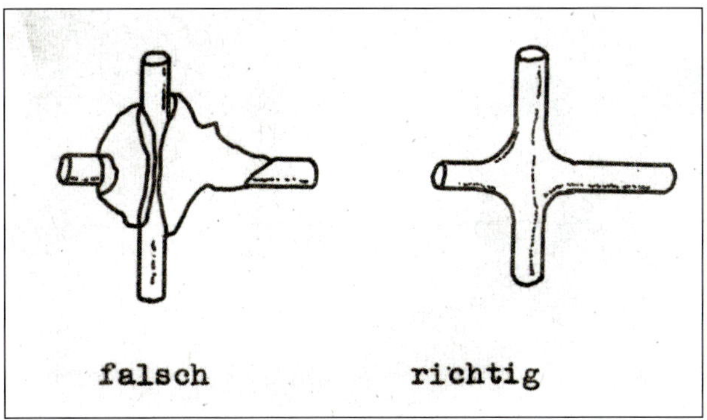


Zwei Lötstellen

# Unsere elektrischen Bauteile

Einfache Bauteile erfüllen ihren Zweck: Schalter, Klemmen usw. müssen bei uns nicht vergoldet (bei den Kontakten gern) oder von super Qualität oder Optik sein. Schlachten Sie alte Elektrogeräte aus, bevor sie in den Wertstoffcontainer kommen. Schalter, Stecker, Kabel (Leitungen) und dergleichen sind so billig zu bekommen. Auch hier sollte eine Reste-Vorratskiste nicht fehlen. Dasselbe gilt für die Leitungen. In großen Elektrogeräten wie Wasch- oder Spülmaschinen sind Kabelbäume mit vielen in Farbe und Dicke verschiedenen Kabeln verlegt, die wir im Schiffsmodell gut gebrauchen können und die beim Neuerwerb in der genannten Qualität nicht billig sind.

Ein Hoch auf die Kfz-Elektrik, die uns viele hoch belastbare Bauteile wie z. B. Relais zum kleinen Preis zur Verfügung stellt! Diese Teile bezieht man am besten von den wenigen noch verbliebenen Elektronik-Versandhäusern (eines hat sich speziell auf Restposten spezialisiert), deren Kataloge auf Messen umsonst zu haben sind und deren Internetshop immer eine gute Wahl ist. Achten Sie auf die Versandkosten. Auf Messen hat eines dieser Häuser in der Regel einen großen Verkaufsstand, in dem es richtig voll wird und man regelrecht durchgeschoben wird. Trotzdem kann man dabei so manches Schnäppchen machen.

Für hoch belastbare Teile (vom Strom her gesehen) wie dicke Kabel von und zur Batterie oder Sicherungen, Klemmleisten, vergoldete Kabelschuhe usw. ist die Abteilung für Car-HiFi im Elektromarkt eine gute Adresse. Hier gibt es die Teile, die in den Anlagen der meist jugendlichen Autofahrer zum Einsatz kommen und für unsere Zwecke oft recht und einigermaßen billig sind.

Im Opduwer sind folgende (eher großdimensionierte) Komponenten verbaut:

- Anschlussklemmen für die Batteriepole aus dem Baumarkt (nicht vergoldet)

Anschlussklemmen für Batteriepole

- Flexible Kabel mit 12 und 16 mm²-Durchmesser für die Stromzuführung von und zur Batterie
- Fernlichtrelais mit 40 A Belastbarkeit vom Restpostenversand

Das Kfz-Relais dient als Einschalter, mit einem kleinen Schalter wird die komplette elektrische Anlage von der Batterie getrennt. Ein Beitrag zum Brandschutz und zur Bequemlichkeit

- Klemmleisten für die Anschlüsse für Plus und Minus 12 Volt aus der Elektroinstallationsabteilung des Baumarktes

Hier behält man den Überblick: eine Leiste für Plus und eine für Minus. Zu sehen sind auch der Sicherungshalter und das BEC

- Sicherungshalter und Hochlastsicherung mit 80 A aus dem Car-HiFi-Bereich (vergoldet). Falls ein Kurzschluss auftritt, unterbricht die Sicherung den Stromkreis zur Batterie

- Einfache Schalter zum Schalten der Funktionen aus dem Werkmittelversand

Die Schalter für Hauptschalter Ein/Aus, Lüfter, Pumpe und die Lichter sind gut zugänglich hinter der Türe angeordnet. Oben die beiden Buchsen zum Laden des Fahrakkus

**Die Anschlüsse der Schalter; die zweipoligen Schalter sind bei höheren Strömen parallel geschaltet (Drahtbrücken). Das erhöht die Belastbarkeit**

Noch ein Wort zu den Kabeln (Leitungen, Drähten): Für große Ströme werden dicke Kabel benötigt, da mehr wandernde Elektronen auf einmal durchmüssen. Das betrifft Stromverbraucher wie den Fahrtregler und dessen Verbindung zum Motor eventuell zur Kühlwasserpumpe. Hier sollte mit mindestens 2,5, besser 4 oder 6 mm² Querschnitt gearbeitet werden. Bei mehreren Lampen parallel sollte es 1,5 mm² sein. Für Servokabel, LED-Anschlüsse, Steuerleitungen (z. B. zum Schalten von Relais) genügen dünne Drähte mit 0,5 mm². Ob diese flexibel oder starr sind, hängt davon ab, ob die anzuschließenden Teile bewegt werden müssen. Für Festinstallationen wie Beleuchtung ist ein starrer Draht vielleicht besser, da er in die Ecken gebogen und dort sicher verstaut werden kann.

Natürlich steht rot in der Regel für den Pluspol und blau, schwarz oder braun für den Minuspol. Bei den anderen Farben sollten Sie die hellere immer für den Pluspol und die dunklere für den Minuspol nehmen. Steuerleitungen der Servos sind meist gelb oder orange.

Verwenden Sie in all Ihren Modellen so weit als möglich immer die gleichen Farben. Das reduziert das Risiko einer Rauchbombe – wenn ein falsch angeschlossenes Bauteil sich verabschiedet.

Löten Sie so viel wie möglich und isolieren Sie Lötstellen und blanke Kontakte mit Schrumpfschlauch. Dieses Material gibt es fertig als Schlauchware zu kaufen. Es wird passend abgelängt, über die Kontaktstelle geschoben und mit dem Heißluftfön vorsichtig erwärmt. Dabei zieht es sich zusammen und umschließt sowie isoliert die blanke Stelle.

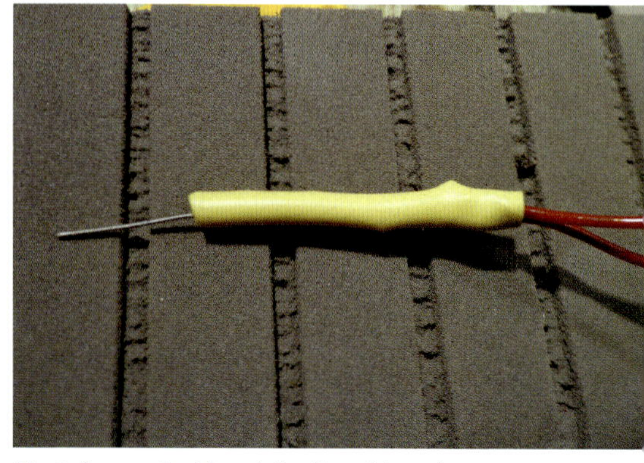

**Ein Schrumpfschlauch isoliert hier eine Reihenschaltung von Vorwiderständen**

# Fahrtregler

Die Drehzahl des Motors, und damit die Fahrgeschwindigkeit, wird von einem „normalen“ Drehzahlregler, wie er in ferngesteuerten Autos, Schiffen usw. eingesetzt wird, geregelt. Dabei kann stufenlos von ganz langsam bis Vollgas und das Gleiche für zurückgefahren werden. Unser Regler muss für 12 Volt (eher mehr als Reserve) und für eine Strombelastung von mindestens 25 A ausgelegt sein. Der Motor „zieht“ bei Vollgas zwar nur ca. 10 A, aber unsere Regler müssen mit kurzzeitigen Spitzenströmen und eventuell durch beim Fahren eingefangene Äste blockierte Schrauben fertig werden. Eine generelle Überdimensionierung im Strombereich von 100% des Nennstromes ist für die Lebensdauer des Reglers förderlich bis notwendig. Diese Standard-Regler verfügen in der Regel über einen Kühlkörper, der für die Wärmeableitung der Endstufentransistoren sorgen soll. Das reicht in der Regel auch aus, aber speziell im Teillastbereich (also bis Halbgas) muss der Regler viel Leistung und damit Wärme vernichten. Deshalb muss für den Fahrtregler des Opduwers, der viel in den schwierigen Teillastbereichen (Langsamfahr- und Schleppmanöver) eine Wasserkühlung vorgesehen werden. Bei den meisten „normalen“ Modellen ist dies aber nicht notwendig.

Die Nachrüstung geschieht wie folgt: an den gegenüberliegenden Seiten werden jeweils die zweiten Kühlrippen mit der Metalltrennscheibe entfernt. Aber Vorsicht: Wenn es ein komplett vergossenes und damit wasserdichtes Exemplar (für die Geländebuggys) ist, dann können wir munter drauf los flexen. Wenn es ein normaler Regler mit offener Elektronik ist, dann müssen Sie unbedingt vorher alle Öffnungen gut abkleben. Sonst mogeln sich die Metallspäne auf die Schaltkreise und führen eventuell zur Zerstörung des Reglers. Nachdem die Rippen entfernt sind, passen wir zwei auf jeder Seite ca. 2 cm überstehende Messingröhrchen an (Ablängen, Entgraten) und fixieren sie vorsichtig mit ein paar Tropfen Sekundenkleber in den großen Lücken. Anschließend wird zusätzlich in diese Lücken großzügig Wärmeleitpaste eingebracht (mit dem Finger). Diese Wärmeleitpaste verbessert den Übergang der Wärme vom Kühlkörper zum Messingröhrchen. Zum Schluss noch etwas 2-K-Kleber zur endgültigen Fixierung und eventuell ein Stück Schrumpfschlauch drüber. Die beiden Enden einer Seite werden mit einem Stück Silikonschlauch „kurzgeschlossen“ und die anderen mit Wasserauslass und Pumpe ver-

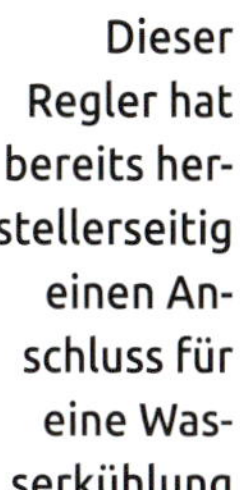

Dieser Regler hat bereits herstellerseitig einen Anschluss für eine Wasserkühlung

bunden. Alle Schlauchverbindungen müssen sorgfältig mit kleinen Kabelbindern gesichert werden.

Als Pumpe nehme ich ein kleines Exemplar aus einer Internetbestellung (Kosten ca. 8 €), das über einen Vorwiderstand (drei parallele Keramikwiderstände) gedrosselt wurde. Damit läuft sie nicht immer nur Vollgas, hält länger und das Kühlwasser spritzt nicht in hohem Bogen aus der Bordwand. So gekühlt dankt es der Regler durch zuverlässige Funktion. Wichtig ist das vor allem bei dem verwendeten großen Akku. Da wird das Modell bei Schaufahren schon einmal drei bis vier Stunden am Stück gefahren, was unter normalen Umständen kein Regler aushält.

Natürlich kann man auch gleich einen passenden Regler mit eingebauter Wasserkühlung verwenden, allerdings sind diese nicht besonders günstig, sodass unser Eigenbau da die Hobbykasse schont.

Eine solche einfache Zweikanalanlage genügt zu Anfang

Für unseren Opduwer genügt eine einfache Fernsteuerung mit zwei Kanälen. Die Fahrgeschwindigkeit wird mit dem Pistolengriff geregelt und das Ruder mit dem Steuerrad.

Diese eigentlich für Modellautos vorgesehenen billigen Anlagen für ca. 30 € (Sender und Empfänger) im 2,4-GHz-Frequenzbereich sind absolut ausreichend für unsere einfachen Modelle. Möchten Sie Sonderfunktionen wie Hupe, Nebelhorn oder Geräuscheinspielungen usw. mit der Fernsteuerung schalten, brauchen Sie mehr Kanäle. An diesen Mehrkanalanlagen (für Überwasserschiffe im 2,4-GHz-Bereich) kommt man früher oder später nicht mehr vorbei. Bei unserem Opduwer schalte ich Lichter (Positionslichter, Ankerlicht an der Spitze des Mastes), Lüfter für den Motor, Kühlwasserpumpe und natürlich das Hauptschalter-Relais mit den Schiebeschaltern per Hand ein.

Um den Empfängerakku zu sparen, der normalerweise 5 Volt für die Versorgung des Empfängers und des Servos sowie des Reglers bereitstellt, enthalten die meisten Regler bereits ein sogenanntes BEC (batterie eleminate circuit), was wie die Übersetzung schon sagt, die Empfängerbatterie ersetzt. Die Versorgungsspannung von 5 Volt wird elektronisch im Regler gebildet und über den Plusanschluss (rot) des Servokabels an den Empfänger weitergegeben. Bei kleinen Servos für die Lenkung funktioniert das auch gut. Wir haben im Opduwer wegen des großen Ruders allerdings ein „Jumbo"-Servo verbaut, das mehr leistet und auch mehr Strom braucht. Das BEC des Reglers (in der Regel max. 1 A) ist damit bei Extrembelastung (schnelle Ruderbewegung) gern überlastet und führt zur Erwärmung des Reglers, der daraufhin abschaltet. Dann geht seitens der Elektronik gar nichts mehr (lesen Sie auch im Kapitel Fahrbetrieb dazu).

Damit dies nicht eintritt, habe ich ein externes BEC aus Fernost verbaut, das eine Leistung von bis zu 5 A hat. Damit bin ich auf der sicheren Seite. Das BEC wird einerseits direkt an die 12-Volt-Klemmleiste angeschlossen und andererseits am Empfänger. Wird das Hauptrelais durchgeschaltet, dann erhält das BEC 12 Volt, macht daraus stabile 5 Volt, die der Empfänger bekommt und die Fernsteueranlage ist in Betrieb gesetzt.

Bitte beachten Sie noch ein ganz wichtiges Detail! Damit sich das BEC des Reglers und das externe nicht gegenseitig das Leben schwer machen (bis zur Rauchentwicklung), entfernen Sie vorsichtig das rote Kabel aus dem Servostecker des Reglers und kleben es mit einem Stück Isolierband an das Servokabel. Jetzt erzeugt der Regler für sich selbst seine eigenen 5 Volt und das externe BEC für Regler und Ruderservo. Selbiges müssen Sie auch durchführen, wenn Sie ein Modell mit zwei Reglern (Doppelschraube) betreiben (dann nur an einem Regler).

Natürlich können Sie den Empfänger und die Servos auch mit einem eigenen Empfänger-Akku versorgen. Das ist die einfachste Lösung. Verwenden Sie vier NiMH-Zellen (4,8 V) oder einen kleineren Bleiakku mit 6 Volt. Vor allem muss auf guten Ladezustand des Empfängerakkus geachtet werden. Sonst haben wir auf dem Wasser einen „hausgemachten Havaristen".

An Schaltbausteinen, Geräuschmodulen usw. ist bisher noch nichts eingebaut. Ein Typhon (Nebelhorn) soll noch folgen – egal ob ein originaler Opduwer so etwa jemals hatte – und damit Krach, wie bei einem Ozeandampfer erzeugt werden. Dazu brauche ich dann noch einen Schaltkanal und demzufolge die Mehrkanalsteuerung. Für optimalen Sound ist vorn zwischen erstem und zweitem Spant ein Hochleistungslautsprecher aus dem Car-HiFi-Bereich luftdicht mit Resonanzraum im Bug eingebaut. Er wird dann mit Geräuschmodul und 12-Volt-Verstärker den Klang in entsprechende Lautstärke erzeugen.

**Die fliegende Verdrahtung des Opduwers bei der Probefahrt. Hier kann die Trimmung durch Verschieben des großen Akkus eingestellt werden**

# Kapitel 8: Die Kraftquellen – Vorstellung verschiedener Akkutypen

Ein Plädoyer für den guten alten Bleiakku! Er hat ausreichend Kapazität, ist schwer (wir brauchen sowieso Ballast) und ist vor allem robust und langlebig. Preiswert ist er obendrein. Es gibt ihn in verschiedenen Größen und Spannungen. Wir benötigen 12 Volt wegen des Motors und möglichst viel Kapazität bzw. Gewicht. Wählen Sie immer den größtmöglichen Akku, den das Modell tragen kann und der hineinpasst. Die Größe ist analog zur Kapazität also zur Fahrzeit. Die Modellbauakkus sind in der Regel Gelakkus, die verschlossen sind. Damit können sie in allen Lagen eingebaut werden (wegen des Schwerpunktes flach auf dem Rumpfboden). Die Motorrad- und Autobatterien müssen aufrecht betrieben werden, hier muss auf den Schwerpunkt des Bootes geachtet werden.

Geladen werden Bleiakkus mit speziellen Ladegeräten bzw. dem Bleiakku-Ladeprogramm unseres Universalladers. Verwenden Sie keine ungeregelten billigen Ladegeräte aus dem Kfz-Bereich! Diese regeln die Spannung bei Ladeschluss nicht herunter und der Akku wird überladen. Dabei entwickeln sich Gase und der Elektrolyt entweicht. Ver-

Verschiedene Bleiakkus

schlossene Bleiakkus blähen sich auf, platzen eventuell und der säurehaltige Elektrolyt spritzt heraus.

Um ein Überladen zu verhindern, muss die Ladespannung auf max. 14,4 (Gasungsspannung) bis 14,7 Volt beim 12-Volt-Akku begrenzt werden. Verwenden Sie also ein geregeltes Ladegerät oder ein Netzgerät mit max. 13,8 Volt Versorgungsspannung, da kann nichts passieren. Bei 13,8 Volt wird der Akku allerdings nur bis ca. 90% geladen.

Bleiakkus niemals tief entladen. Es darf nur so viel Strom entnommen werden, bis die Spannung des 12-Volt-Akkus nicht unter 10,8 Volt (bei Belastung!) absinkt. Geschieht das weiter oder öfter, ist der Akku defekt und muss in der Regel entsorgt werden.

Beim Opduwer ist das verwendete Relais ein guter Unterspannungsschutz. Es ist eingeschaltet immer in Betrieb und es fließt ein, wenn auch geringer, Strom durch die Spule des Relais. Fällt die Batteriespannung zu weit ab, reicht der Spulenstrom nicht mehr aus und das Relais schaltet aus. Damit ist die gesamte Anlage außer Betrieb. Nachdem der Akku dann keine Belastung mehr hat, steigt die Spannung wieder an und das Relais schaltet wieder ein. Dieses Spiel geht eine Weile und der Skipper merkt am Ruckeln und Stehenbleiben des Modells, dass etwas nicht in Ordnung ist, und steuert das Modell vorsichtig ans Ufer. Zur Sicherheit sollten Sie mit einem regelbaren Netzgerät testen, bei welcher Spannung das Relais abschaltet. Ist sie zu niedrig (unter 10 Volt) dann ist die Batterie bereits schon zu tief entladen. Hier kann mit einem Vorwiderstand vor dem Spulenanschluss experimentiert und die Abschaltspannung ziemlich exakt festgelegt werden.

Auf die weiteren Akkus, die in Modellen verwendet werden, möchte ich nur kurz ein-

**Verschiedene NC-Akkus – sie findet man wegen der enthaltenen giftigen Schwermetalle nur noch selten**

gehen, dann im VTH gibt es eigene Bücher zum Thema Akkus („Akkus und Ladegeräte“ Best.-Nr. 3102185 und „Das LiPo-Buch“ Best.-Nr. 3102238) und es würde auch dieses Buch unnötig vergrößern.

NC-Akkus, Nickel-Cadmium-Akkus findet man heute nur noch selten. Sie enthalten giftige Schwermetalle und werden vom Markt genommen (die Hersteller sind zur Entsorgung ihrer Produkte verpflichtet). Sie haben einen Vorteil: sie können ziemlich tief entladen werden und „stehen wieder auf“. Sie haben aber den sogenannten Memory-Effekt. Werden sie häufig nur teilweise entladen und dann wieder aufgeladen, dann wird die Restkapazität „müde“ und steht nicht mehr zur Verfügung. NC-Akkus müssen immer bis zum Ende (0,7 Volt pro 1,2-Volt-Zelle) entladen werden, bevor sie wieder aufgeladen werden. Gute Automatikladegeräte erledigen das gleich mit.

Die Ablösung und die die Standardzelle seit Jahren ist der Nickel-Metallhydrid-Akku (NiMH). Hier fehlt das giftige Cadmium und die Kapazität ist bei gleicher Baugröße in der Regel höher. Es gibt auch keinen Memory-Effekt. Allerdings sind die Zellen empfindlicher gegen Tiefentladung. Stetig weiter entwickelt haben sie „das Ende der Fahnenstange“ erreicht und stehen im Schatten der LiPo-Zellen. Als Sender- und Empfängerakkus, teils auch für günstige Fahrakkus bei Fertigmodellen werden sie häufig eingesetzt. Die Ladeelektronik ist relativ einfach – ähnlich der für NC-Akkus – lediglich der Delta-Peak am Ladeende (sprunghafter Spannungsanstieg) fällt geringer aus und das Ladegerät muss hier etwas empfindlicher reagieren und den Ladevorgang beenden.

Das Maß der Dinge bei den Akkus sind im Moment die Lithium-Polymer-Akkus (LiPo). Geringe Abmessungen bei gerings-

Nickel-Metallhydrid-Akkus

tem Gewicht gepaart mit großen Kapazitäten und Hochstromentnahmefestigkeit sind die Argumente, an denen kaum ein Modellbauer vorbeikommt. Bis auf uns, denn wir brauchen in unseren großen Pötten viel Gewicht. Also warum leichte Hochleistungsakkus kaufen und dann viel Ballast ins Modell einbringen, wenn man günstige, schwere Bleiakkus (noch) bekommt?

Eine Weiterentwicklung des LiPo-Akkus sind die LiFePo-Akkus, die durch ihren zusätzlichen Eisenanteil nochmals eine Kapazitätssteigerung bringen.

## Ladegeräte

Am besten kaufen Sie sich einen Alleskönner – ein Ladegerät, das alle Akkutypen laden kann. Es gibt Typen, die nur an 12 Volt angeschlossen werden. Hier brauchen Sie ein leistungsfähiges Netzteil dazu (mind. 25 A Leistung). Manche Ladegeräte haben auch ein Netzteil eingebaut.

Lesen Sie die Betriebsanleitung und haben Sie Geduld. Es funktioniert ganz sicher!

Ein günstiges Gerät für unter 100 € genügt für uns völlig, sofern wir nicht Rennboote usw. fahren. Für die große Autobatterie im Opduwer nehme ich ein Netzgerät mit 13,8 V, das bis 30 A Strom liefern kann. Damit wird der Akku relativ schnell auf ca. 90% der Kapazität aufgeladen. Die restlichen 10% werden mit einem kleinen Ladegerät vom Discounter über Nacht erledigt.

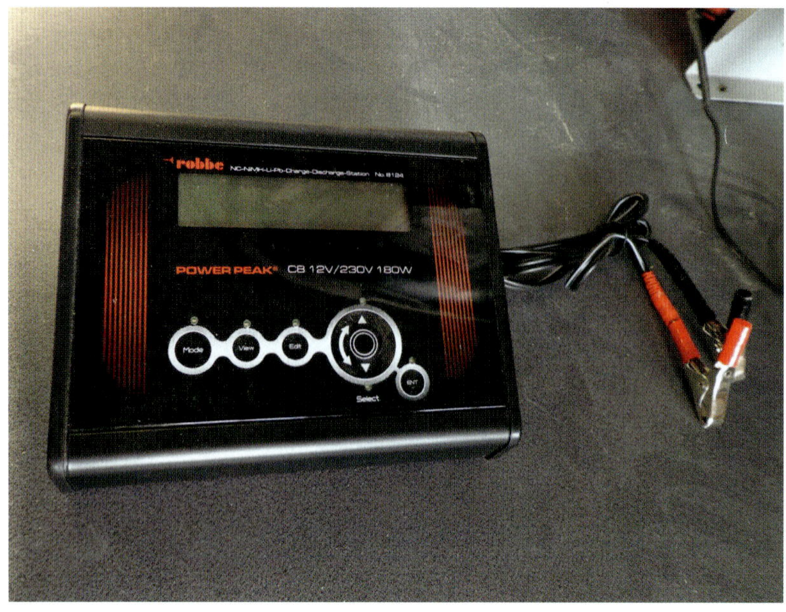


**Ein Ladegerät, das jeden Akku gut laden kann. Dieser Typ braucht aber ein leistungsfähiges externes Netzteil**

# Kapitel 9: Die Maschinenanlage und das Ruder

Natürlich müssen wir den passenden Elektromotor auswählen – genügend Leistung (Kraft und Drehmoment) muss er haben. Nachdem wir bei Arbeitsschiffen in der Regel große Schiffsschrauben haben, die sich langsam drehen, brauchen wir „dicke“ Motoren, die große Magneten und damit viel Gewicht haben. Sogenannte Langsamläufer sind hier gefragt. Im Kfz-Bereich werden große 12-Volt-Elektromotoren für den Antrieb des Heizungsgebläses oder speziell bei den quer eingebauten Motoren als Kühlergebläse verwendet. Im Internet und auf Schrottplätzen (Autoverwerter) bekommen wir gute und vor allem robuste Motoren in allen Größen von alt bis neu. Testen Sie das Exemplar beim Kauf (geht im Internet allerdings nicht), achten Sie dabei auf ausgeschlagene Lager. Diese sind an den Vibrationen zu erkennen. Montierte Lüfterräder lassen sich mit sanfter oder grober Gewalt entfernen. Achtung dabei auf Splitter des relativ spröden Kunststoffmaterials.

Für kleinere Modelle verwenden wir z. B. die Exemplare der Fa. Bühler. Diese laufen sehr ruhig, haben hohe Drehmomente und das bei niedriger Stromaufnahme.

**Ein passender großer 12-V-Lüftermotor aus einem Auto**

Die Kupplung verbindet die Motorwelle mit der Schiffswelle. Motor und Welle werden wir kaum „in einer Flucht (Linie)“ also genau übereinstimmend einbauen können. Beide Teile müssten so ganz exakt und vor allem unverrückbar verbunden werden. So etwas kennen wir vom Auto, wo Motor und Getriebe mit einem gut verschraubten Flansch verbunden sind. Für uns im Modellbau ist so etwas zu aufwendig. Wir nehmen einen (allerdings möglichst) geringen Versatz von Motor und Welle in Kauf und gleichen diesen durch eine flexible Kupplung aus. Bevor wir die verschiedenen angebotenen Modellbaukupplungen betrachten, soll noch erwähnt werden, dass bei unserem Projekt hohe Kräfte übertragen werden müssen, in kürzester Zeit von voll vorwärts zum Bremsen auf voll rückwärts umgeschaltet wird. Wir wählen also lieber die robustere Sorte und befestigen sie entsprechend stabil.

Die einfachste und billigste Variante ist ein Stück Silikon- oder Gummischlauch, das auf beide Wellen aufgesteckt wird. Die Bohrung des Schlauches muss so klein sein, dass er auf den Wellen nicht durchrutscht, aber noch mit den Fingern drauf geschoben werden kann. Für kleinere Projekte wie den Schubbooten in unserem Schulprojekt ist diese Kupplung ideal. Man nimmt käuflichen Silikonschlauch mit dicker Wandung oder die schwarzen Kupplungsschlauchstücke vom Modellbauhändler. Die Schläuche von Fahrradventilen sind wegen ihrer geringen Wandstärke nicht geeignet.

Wichtig ist eine knickfreie und möglichst gerade Verbindung. Auch halten diese Schläuche keine hohen Drehzahlen aus. Sie erhitzen sich dann schnell, werden weich und größer und rutschen dann durch. Dass dies dann ausgerechnet genau in der Mitte des Sees passiert, können Sie sich ja denken.

Kommen wir nun zur brauchbareren Variante für unsere Zwecke, der Gelenkkupplung. Sie hat einen großen Vorteil: sie erlaubt den Ausgleich von größerem Versatz. Mit einem zusätzlichen Mittelteil versehen sogar noch mehr. Allerdings bedeutet mehr Versatz auch mehr Verlust und vor allem ein Aufschwingen der Kupplung bei entsprechender Resonanzdrehzahl. Die Folge ist bei diesem Aufschwingen eine Zerstörung der Kupplungsteile, die meist aus Kunststoff sind. Also auch hier wieder: Motor und Welle möglichst fluchtend einbauen. Trotzdem haben diese Kupplungen einen sehr geringen Widerstand.

Bedeutsam ist hier vor allem die Befestigung der Kupplung auf den beiden Wellen. Meist geschieht dies durch eine Madenschraube, die auf die Welle drückt und die beiden miteinander verklemmt. Durch die runde Welle ergibt sich allerdings ein minimaler Druckpunkt, dessen Halt nur kraftschlüssig erzielt wird. Also nicht ideal, denn die Madenschraube kann nicht beliebig stark

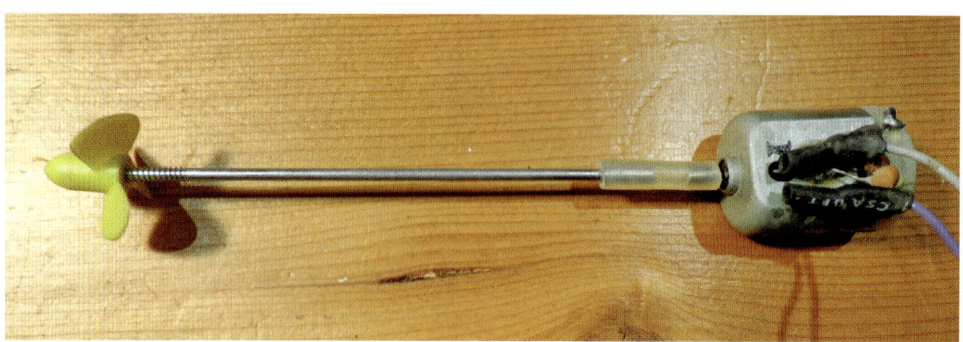

**Für kleine Leistungen genügt eine einfache Schlauchkupplung**

Madenschrauben an der Gelenkkupplung

angezogen werden. Die käuflichen Gelenkkupplungen haben häufig sogar nur Schlitz-Madenschrauben, hier reißt der Schlitz beim Anziehen mit einem normalen Schraubendreher gern aus. Tauschen Sie diese Madenschrauben schon vor dem Einbauen gegen solche mit Innensechskant aus. Diese im Modellbau- oder Schraubenhandel erhältlichen Exemplare können viel fester angezogen werden.

Für optimalen Kraftschluss zwischen Motor-/Schiffswelle und Kupplung sollte der Bereich an den Wellen auf den die Madenschraube trifft mit Schleifscheibe und/oder Feile abgeflacht werden. Jetzt trifft die Madenschraube auf einen breiteren Bereich und verkantet sich besser (Formschluss). Damit können wesentlich höhere Kräfte übertragen werden. Gegen das lästige Losdrehen der Madenschrauben durch Vibration hilft ein wenig Schraubensicherungslack (z. B. von der Fa. Loctite). Verwenden Sie die mittelfeste Variante, denn wir müssen das Ganze ja noch lösen können.

Beim Einbau muss darauf geachtet werden, dass sich die Kupplung auf den beiden Wellen verschieben lässt, ohne z. B. den Motor bewegen zu müssen oder die Welle nach hinten herausgezogen werden muss.

Übrigens: zwei gegenüberliegende Madenschrauben halten nicht unbedingt besser, vergrößern aber die Unwucht. Also lieber eine gut befestigen.

Eine Variante der Gelenkkupplungen sind die mit einem relativ flexiblen Gummi-Zwischenstück. Hier können schon durch die Zahnung größere Kräfte übertragen werden, die Flexibilität ist allerdings geringer. Diese teilweise als „Power-Grip-Kupplungen“ oder Hochlastkupplungen bezeichneten Exemplare finden wir im Zubehörhandel für die Powerboote oder bei den U-Boot-Modellbauern (www.modell-uboote.de).

Ältere Kupplungen mit einem verschiebbaren Mittelstück zum Ausgleich des Längenversatzes von Wellen brauchen wir eigentlich nicht mehr. Wir verwenden vorhandene Exemplare allenfalls für kleinere, leistungsarme Antriebe.

In den vorherigen Absätzen war von der Schiffswelle die Rede. Sie überträgt die Drehzahl und die Kraft von der Kupplung durch den Schiffsrumpf auf die Schiffsschraube. Ihr kommt eine wichtige Aufgabe zu. Läuft sie nicht rund, dann gibt es Vibrationen, die Leistung kosten, das Fahrgeräusch unnatürlich laut machen und Risse und Undichtigkeiten können entstehen. Deshalb dürfen wir hier nicht am falschen Ende sparen.

Eigentlich sollten wir dieses Teil getreu unserem Motto des Buches ja selbst herstellen. Das ist mit Einschränkung nicht so schwer. Sehen wir uns dazu die Bestandteile so einer Wellenanlage an. Sie besteht aus der eigentlichen Welle, deren Länge sich nach dem Abstand zwischen Motor und Schiffsschraube bemisst und deren Durchmesser dem Gewinde der Schiffsschraube entsprechen muss. Eine Gewindegröße von M4 (metrisches Gewinde mit 4 mm Durchmesser) ist für die meisten Schiffsschrauben (werden auch Propeller genannt) üblich. Das heißt unsere Welle, mit dem propellerseitigen Außengewinde hat 4 mm Durchmesser. Das reicht für die meisten Anwendungen aus. Treiben wir größere Propeller mit dicken Elektromotoren an, dann sollten wir auf einen Durchmesser von 5 oder 6 mm gehen. Falls Wellendurchmesser und Propellergewinde nicht übereinstimmen, kann man sich (falls man im Besitz einer Drehbank ist) einen Adapter selbst herstellen oder einen kaufen. Für unseren Opduwer mit einem Propeller mit 100 mm Durchmesser, der von einem 12-V-Bosch-Lüftermotor des alten BMW 320 angetrieben wird, verwende ich eine gute und damit nicht billige fertig konfektionierte Wellenanlage von Raboesch. Wir brauchen für einen funktionierenden Antrieb neben der eigentlichen Welle noch mindestens zwei Lager und ein Wellenrohr, dass die Welle schützt. Daneben müssen wir uns Gedanken über die Dichtigkeit machen.

Doch der Reihe nach. Die Lager (bei langen Wellen zusätzlich eins in der Mitte, um ein Aufschwingen zu verhindern) müssen langlebig und robust sein. Kugellager bieten sich an, sie müssen allerdings auch wasserfest sein. Normale Sinterbronzelager gehen auch, sie sind nicht so eng toleriert und brauchen mehr Schmierung. Es gibt auch selbstschmierende Varianten, die sind aber selten in fertigen Wellen verbaut. Beim Selbstbau können wir darauf achten. Kugellager laufen reibungsärmer und sind eigentlich vorzuziehen. Das Lager befindet sich also zwischen Welle und Wellenrohr und hält beide im nötigen Abstand. So kann sich die Welle frei drehen, ohne irgendwo zu schleifen. Die Lager dürfen sich auf der Welle nur minimal und im Wellenrohr nicht bewegen. Für Ersteres sorgt eine gute Passung und für Letzteres ein Festklemmen durch vorsichtige leichte Hammerschläge oder Schraubensicherungslack. Sekundenkleber würde ich dafür nicht nehmen, er löst sich in Wasser.

Jetzt müssen wir noch zwei Probleme lösen. Zum einen das der Dichtigkeit. Durch die Lager wird Wasser in das Wellenrohr gedrückt und tritt in der Regel am inneren Lager wieder aus und läuft somit in unseren Rumpf. Wasser im Boot lässt sich zwar schlecht vermeiden, wir bauen den Wasserzufluss aber nicht schon von vornherein mit ein. Eine Methode ist der Einbau eines Schmiernippels in das Wellenrohr, am besten von oben innen im Rumpf. Jetzt können wir mit einer kleinen Fettpresse (teuer, aber super in der Handhabung) das Wellenrohr mit wasserfestem, säurefreiem Fett füllen (Vaseline genügt völlig). Das Wasser hat (zumindest eine Weile) keine Chance, durch die Fettfüllung zu dringen. Nach einiger Zeit, wenn das Fett durch Hitze flüssig und teilweise ausgetreten ist, tropft wieder ein wenig Wasser durch. Dann muss einfach wieder nachgeschmiert werden. Es geht auch ohne Fettpresse und Schmiernippel: einfach ein kleines Stück Messingrohr über eine kleine

Bohrung im Wellenrohr löten oder kleben (UHU Endfest 300) und mit einer Spritze mit Schlauch das Wellenrohr füllen. Dazu kann das Fett etwas warm gemacht werden, damit die Hohlräume besser ausgefüllt werden. Das Füllen und Nachfüllen des Wellenrohres macht man am besten bei gezogener Welle. Das untere Lager wird verschlossen oder zugehalten und das Fett eingedrückt. Wenn es oben wieder austritt, ist das Wellenrohr voll. Anschließend wird die Welle von unten wieder durchgesteckt. Das durch die Welle verdrängte Fett tritt oben wieder aus und wird abgewischt.

Oft liest man – auch in Anleitungen für Modelle oder Baukästen – dass das Wellenrohr mit Öl gefüllt werden soll. Dadurch würden die Lager gut geschmiert. Und man sollte sogar einen Vorrat in einem auf die Schmieröffnung aufgesteckten Rohr oder Schlauch bereithalten. Das Öl wäscht sich aus den Lagern aus und muss immer wieder nachgefüllt werden. Was ist das Ergebnis? Zum einen eine Schleuderölspur im Bereich des oberen Lagers im Modell und – viel schlimmer – eine Ölspur auf dem Wasser. Die hat das austretende Öl des wasserseitigen Lagers verursacht. Lassen Sie sich damit nicht auf einem Schaufahren im Freibad sehen, auch am Teich ist das nicht gerade umweltfreundlich und kann sehr teuer werden. Also besser Fettfüllung, denn das bleibt zu 99% im Wellenrohr, wo es schließlich hingehört.

Oder wir verwenden gleich eine richtig dichte Welle. So eine gibt es fertig zu kaufen. Sie kostet in der Regel mindestens das Doppelte einer normalen beschriebenen Wellenanlage. Diese Wellen haben auf der Innenseite des hinteren Lagers eine sogenannte Ringlippdichtung eingebaut. Dabei handelt es sich um einen O-Ring (nahtloser Dichtring), der außen in einer passenden Rille geführt wird. Wird die Welle eingeschoben (vorsichtig, sonst beschädigt man den Dichtring), dann wird der Dichtring leicht zusammengedrückt und dichtet die Welle komplett ab. Oder es wird ein speziell geformter Gummiring verwendet. Der Durchmesser des Ringes muss innen und außen so bemessen sein, dass er einerseits genügend presst, um Dichtigkeit zu gewährleisten. Er darf aber auf der Welle nicht zu viel Widerstand erzeugen, sonst hat man zu viel Leistungsverlust. Natürlich kann man die Teile selbst herstellen (Drehbank) und den passenden O-Ring kaufen, dafür sind aber schon gute Kenntnisse in der Metallbearbeitung nötig, damit das Ganze auch funktioniert.

Ich habe die Sache dahin gehend abgekürzt, indem ich eine gute, stabile und dank Ringlippdichtung dichte Wellenanlage gekauft habe, sie nach Anleitung montiert, mit Fett gefüllt und eingebaut habe. Dort verrichtet sie nun im zweiten Jahr völlig wartungsfrei ihren Dienst. Nachölen erübrigt sich. Hier sehe ich für mich persönlich auf jeden Fall die Grenze des Selbstbaus in der Relation zwischen Aufwand und Ergebnis.

Was bei größeren Leistungen und Kraft noch fehlt, ist ein sogenanntes Drucklager. Jedes große Schiff hat eines. Es geht darum, die nach vorn gerichteten Kräfte der Schiffschraube, die durch die Welle weitergeleitet dann auf den Lagern des Motors landen würden, entsprechend abzufangen und auf den Schiffsrumpf zu leiten. Die Sicherungsmutter der Schiffsschraube erledigt dies im Modell, aber mit viel Reibung und Abrieb. Sie wird auf das Wellenrohrende mit Lager gedrückt und läuft sich hier ein, da unterschiedliche Materialien aufeinander bewegt werden und das schwächere nachgibt. Das führt zu größerer Reibung und zu Leistungsverlust. Legt man eine Unterlegscheibe aus einem passenden Material (am besten Teflon) dazwischen, reduziert sich die Reibung erheblich, ebenso wie die Geräusche. Die optimale Lösung bieten als Drucklager gestaltete Kugellager (rostfrei), die die Kräfte gut auffangen und die Reibung auf ein Minimum reduzieren. Das Drucklager ist bei guten Wellen gleich mit dabei und kann für

Eigenbauten und günstige Wellen extra gekauft werden. Es besteht aus zwei Scheiben mit Rillen, zwischen denen die Kugeln angeordnet sind. Das Ganze ist mit der passenden Bohrung entsprechend dem Wellendurchmesser versehen und durch ein Gehäuse miteinander verbunden. Drucklager kommen also zwischen Wellenrohrende und die Sicherungsmutter des Propellers. Achten Sie auf das Spiel, bei drehender Welle muss die Mutter am Drucklager anliegen, sonst bringt dies nichts. Auf der anderen Seite dürfen die beiden Teile ohne Belastung auch nicht zu fest aufeinander drücken, da der Verschleiß und die Reibung zunehmen.

Der Propeller, die Schiffsschraube des Opduwers

Motor, Kupplung, Wellenanlage – jetzt fehlt noch das entscheidende Antriebselement: die Schiffsschraube oder der Propeller. Den selbst herzustellen ist wieder möglich, wenn Sie Metaller sind und gut hartlöten können. Spezialpropeller, wie sie die Modelle von modernen U-Booten brauchen, erfordern zumeist den Selbstbau. Aber für unsere Arbeitsschiffe mit ihren 3- und 4-Blatt-Propellern hält der Fachhandel eine große Auswahl an verschiedenen vorbildgetreuen Propellern bereit. Die sind auch noch bezahlbar, sodass sich der Selbstbau kaum lohnt. Der an meinem Opduwer angebrachte Prop kostete ca. 30 €, für die Größe und die stabile Ausführung für mich akzeptabel.

Als Material für die Propeller wird Kunststoff, teils mit Glasfasern verstärkt, und Messing verwendet. Die Messingpropeller sehen vorbildgerechter aus (man sieht es aber nur, wenn das Modell nicht im Wasser ist!) und sind robuster, sofern Blätter und Nabe gut miteinander verlötet sind. Bei Kunststoffpropellern sind Nabe und Blätter aus einem Stück, die Blätter brechen aber z. B. bei Grundberührung schnell ab. Je größer, desto eher ist Messing hier eine sinnvolle Anschaffung. Kunststoffpropeller sind auch nur bis zu einem Durchmesser von ca. 70 mm zu bekommen. In Zukunft wird durch die weiter zunehmende Verwendung der 3D-Druckern vermutlich jede Propellergröße in Kunststoff zu bekommen sein.

Was die Form des Propellers und seiner Blätter sowie die Größe betrifft, halten Sie sich am besten an das Vorbild. Dann sieht das Ganze auch auf dem Trockenen gut und glaubhaft aus. Auf den Wirkungsgrad von Schiffsschrauben brauchen wir nicht zu achten. Unsere Modelle sind vom Maßstab her gesehen „gnadenlos" übermotorisiert und haben in der Regel genug Reserve, um auch schwächere Propeller bewegen zu können. Klar, wo es auf möglichst kleine Motoren, Akkus usw. ankommt, spielt das womöglich eine Rolle. Aber da ist dann die Frage, ob man einen Propeller bekommt, der erstmal klein genug ist. Und da machen wir uns in puncto Wirkungsgrad dann auch keinen Gedanken mehr. Beim Selbstbau reden wir davon erst gar nicht. Es ist – wie überall – alles relativ.

## Kühlung von Motor und Regler – mit Staudruck oder Pumpe

Zum angesprochenen Thema Wirkungsgrad passen unser nächsten Überlegungen und Lösungen. Elektromotoren nehmen Strom auf und geben Leistung ab. Was dabei an Energie auf der Strecke bleibt, ist die Verlustleistung. Je nach Wirkungsgrad des Motors sind das einige Watt an Wärmeleistung, die wir irgendwie los werden müssen. Problemloser sind die neueren bürstenlosen (Bürsten sind hier als Stromzuführungskohlen gemeint) Motoren – sogenannte Brushless-Motoren. Sie haben einen deutlich besseren Wirkungsgrad und wir müssen uns nur im Spitzenlastbereich dieser Motoren (Rennboote, Powerboote) Gedanken um die Kühlung machen. „Normale“ Elektromotoren sollten allemal handwarm werden. Laufen sie im oberen Drehzahlbereich oder müssen sie große Lasten (Schiffsschrauben) bewegen, werden Sie außerhalb ihres optimalen Wirkungsgrades betrieben und heiß.

Wie gesagt, handwarm ist in Ordnung. Damit das erstmal so bleibt, dimensionieren wir Motor und Schiffsschraube so, dass sie aufeinander abgestimmt sind – eine nahezu reibungslos arbeitende Wellenanlage vorausgesetzt.

Eine frühere Faustformel besagte, dass der Durchmesser der Schiffsschraube auch dem des Elektromotors entsprechen soll. Was meint, dass ein „dicker“ Motor auch mehr Drehmoment hat (größere Magneten, mehr Ankerfläche). Das stimmt nur ansatzweise, denn ausschlaggebend für den Stromverbrauch der Schiffsschraube ist auch deren Steigung.

Passt das Ganze (in der Theorie!) einigermaßen zusammen (Erfahrungswerte, Messwerte von Motor und Wellenanlage in der Badewanne usw.), dann bauen wir das Ganze provisorisch in unseren Rumpf ein und fahren ausgiebig Probe. Durch Handauflegen auf den Motor können wir zwischendurch prüfen, ob und wie er sich erhitzt. Gleichzeitig prüfen wir die Fahrleistungen. Ist unser Schlepper eher eine Schnecke und wird der Motor trotzdem warm, dann haben wir mit Sicherheit einen zu kleinen/schwachen Motor gewählt. Eine Nummer größer ist angesagt. Wird beispielsweise der verwendete Speed 600 zu warm, nehmen wir einen Speed 700, aber bitte mit gleicher Nennspannung. Jetzt müsste das schon besser funktionieren.

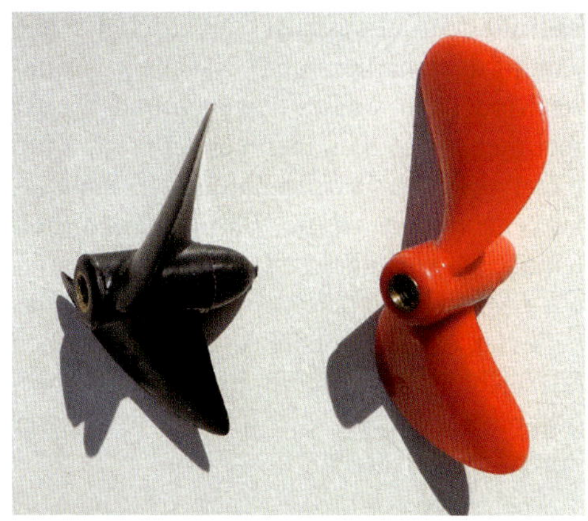

**Schiffsschrauben mit verschiedener Steigung belasten Motor und Regler unterschiedlich**

Haben wir einen „Rennschlepper“ und der Motor wird nicht mal mehr handwarm, können wir entweder einen kleineren Motor wählen oder das Ganze so lassen. Dann haben wir z. B. für Gefahren wie Ausweichen oder Bremsen ausreichend Reserve. Beim Ziehen eines Schlauchbootes brauchen wir beim Schlepper außerdem genügend Reserve.

Lässt sich durch Austauschen die Wärmeentwicklung nicht in Grenzen halten, müssen wir den Motor kühlen. Ein kleiner Lüfter über dem Motor aus dem PC-Bereich sieht nur so aus, als dass er was bringen könnte. Verzichten Sie darauf. Wo soll die kalte

Luft für den Luftaustausch im geschlossenen Rumpf denn herkommen? Nachdem wir unser Modell im Wasser bewegen und Wasser viel mehr Wärme aufnehmen kann als Luft, bietet sich eine Wasserkühlung an. Sinnvollerweise führen wir die Wärme an den Stellen ab, wo sie entsteht. Bei den herkömmlichen Motoren an den Kohlen (Bürsten). Das bedeutet, dass wir an die Anschlussklemmen oder Kohlehalter kleine gebogene Messingröhrchen anlöten, die dann vom Wasser durchflossen werden.

Kohlenkühlung an einem schnell laufenden E-Motor

Eine verbreitete Methode der Kühlung ist auch eine Alukühlschlange, die um das Motorgehäuse gewickelt wird. Das dünnwandige Aluminium der Kühlschlange nimmt relativ gut die Wärme des Gehäuses auf und gibt sie an das Wasser weiter. Allerdings nur, wenn Sie einige Tipps beachten. Die Auflage des runden Rohres auf dem ebenfalls runden Motorgehäuse ist winzig schmal. Dadurch haben wir kaum Fläche, die die Wärme weitergeben kann. Schmieren Sie Kühlschlange innen und Motorgehäuse außenmit Wärmeleitpaste aus dem Elektronikhandel ein und schieben Sie dann die Schlange auf den Motor. Die überschüssige Wärmeleitpaste kann oben zwischen die Kühlschlange geschmiert werden. Damit die zahnpastaartige Wärmeleitpaste nicht verschmiert und wir die Kühlschlange möglichst eng anliegen haben, schieben wir einen passenden Schrumpfschlauch über die Kühlschlange und erhitzen diesen vorsichtig. Der Schrumpfschlauch zieht sich zusammen, presst dabei die Kühlschlange an den Motor und schützt die Wärmeleitpaste vor dem Verschmieren. Jetzt haben wir unser Kühlsystem gut optimiert.

Kühlschlange auf einem Elektromotor – besser wäre es mit Wärmeleitpaste und Schrumpfschlauch

Teilweise werden auch Kühlschlangen mit eckigem Querschnitt angeboten. Hier ist der Wirkungsgrad besser – allerdings nicht für unseren Geldbeutel.

Im Rennbootbereich gibt es auch Kühlmanschetten aus Silikon, die über das Motorgehäuse geschoben werden, und damit das Wasser direkt über das Motorgehäuse fließen lassen (Gundert Modellbau). Das ist natürlich das Optimum. Sie sind nicht ganz billig und das Motorgehäuse muss mit Metallklarlack (Zaponlack) lackiert werden, damit das Wasser keinen Rost verursacht. Achten Sie auf die passende Manschette zum Motor, sonst wird das Ganze nicht dicht.

Im Übrigen müssen alle Kühlwasserverbindungen knickfrei und mit ausreichend stabilen Schläuchen hergestellt werden. Sichern Sie den auf die Röhrchen aufgeschobenen (Silikon-) Schlauch mit dünnen Kabelbindern. Denn wenn ein Schlauch abgeht, füllt er das Modell innen mit Wasser. Die Elektronik geht dabei flöten und das Modell sinkt unter Umständen. Kontrollieren Sie dies während der Probefahrten und vor allem nach Umbauten. Schnell ist das Befestigen eines Schlauches vergessen worden.

Nicht zu unterschätzen ist die Wärmeentwicklung bei unserem elektronischen Drehzahlsteller (ESC electronic speed controller oder Fahrtregler). Gerade im Teillastbereich, wo sich unsere Arbeitsschiffe fast ständig bewegen, wird in den Leistungsteilen (Endstufen) der Fahrtregler viel Energie in Wärme umgesetzt. Deshalb sind die meisten davon auch mit einem Kühlkörper über diesen Endstufentransistoren ausgestattet. Kühlkörper funktionieren mit Luft, die durch die Kühlrippen strömt und die Wärme damit (leidlich) abführt. Manche Kühlrippen haben einen so großen Abstand, dass wir ein mit Wärmeleitpaste bestrichenes Alu- oder Messingröhrchen (oder mehrere) eindrücken können und so die Wärme um ein Vielfaches besser ableiten können. Ein Schrumpfschlauch um den Drehzahlsteller verhindert das Rausrutschen der Röhrchen und Verschmieren der Wärmeleitpaste. Jetzt haben wir das Optimum an Kühlmöglichkeit erreicht. Achten Sie auf Folgendes: wenn der Fahrtregler zwei Kühlkörper besitzt, die nicht miteinander in Kontakt stehen, dann dürfen Sie diese nicht mit dem Messingröhrchen kurzschließen. Der Regler wird sicher dadurch zerstört werden.

Natürlich können wir auch Fahrregler speziell für den Schiffsbereich kaufen, die so einen Kühlwasseranschluss bereits eingebaut haben. Kostet halt mehr und es ist nix mit Selbstbauen.

Wie kommt nun unser Kühlwasser zum Motor bzw. zum Regler? Wir brauchen erstmal einen stabilen und damit dicht zu verklebenden Wassereinlass. Käufliche Exemplare haben oft einen zu kleinen Querschnitt, wir nehmen Messingrohrstücke, die an den Klebeflächen angeraut werden und gut und dicht mit 2-K-Kleber eingeklebt werden. Man kann vor dem Einkleben den Silikonschlauch samt Kabelbinder schon aufschieben, so belastet man beim Draufschieben die Klebestelle nicht und man kommt vor allem leichter heran.

Bevor wir einkleben, müssen wir eine Entscheidung treffen. Es gibt drei Möglichkeiten, den Wassereinlass zu platzieren. Erstens am Schiffboden, leicht entgegen der Fahrrichtung geneigt. Durch die Strömung am Schiffsboden wird Wasser beim Fahren in das Röhrchen gedrückt und der Staudruck schiebt es dann durch unser Kühlsystem Richtung Wasserauslass. Funktioniert bei schnelleren Modellen ganz gut, sofern Einlass und Auslass keinen zu großen Höhenunterschied haben. Da wir den Wasserauslass zweckmäßigerweise über der Wasserlinie haben (sonst können wir den Wasserfluss ja nicht kontrollieren) reicht der Druck für eine gute Kühlung oft nicht aus. Wir können mehrere Einlassröhrchen zusammenführen, aber dann wird es schon kompliziert.

Bei der zweiten Möglichkeit nutzen wir den Wasserdruck, der hinter der sich drehenden Schiffsschraube entsteht. Er ist viel höher als der Strömungsdruck am Schiffsboden. Das Einlassröhrchen muss direkt hinter der Schiffschraube angebracht werden, was nicht immer problemlos geht. Bei Rennbooten befindet sich der Wassereinlass manchmal auch im Ruderblatt, dass ja immer gut angeströmt wird.

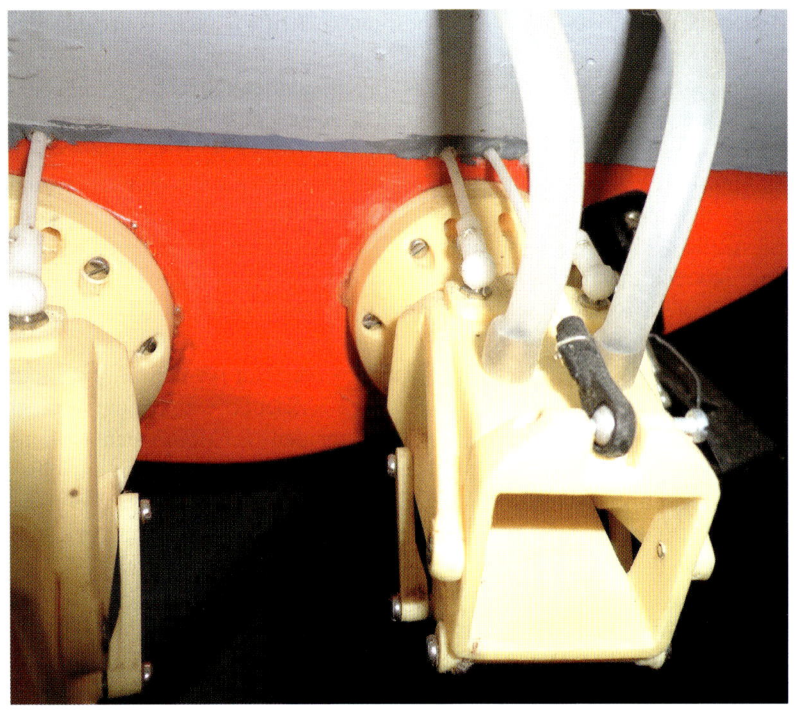

Wassereinlass im Wasserstrahl eines 33-mm-Kehrer-Jetantriebes – hier herrscht ausreichend Wasserdruck

Diese Möglichkeit war beim Bau des Opduwers leider nicht möglich, sodass ich für die Kühlung auf die dritte Möglichkeit zurückgegriffen habe: Einbau einer Kühlwasserpumpe. Sie hat einen großen Vorteil: der Kühlwasserfluss ist kontinuierlich und nicht abhängig von der Fahrgeschwindigkeit bzw. Drehzahl der Schiffsschraube. Durch die ständige Kühlung erhalten der Motor und/oder der Regler auch im Stand ihr Kühlwasser und können optimal gekühlt werden. Außerdem kommt es dem ständig laufenden Kühlwasser der Vorbilder recht nahe. Ich habe auch schon eine Lösung gesehen, wo das digitale Motorengeräusch mit dem Fahrregler und der Kühlwasserpumpe gekoppelt war. So floss im Leerlauf nur wenig Wasser

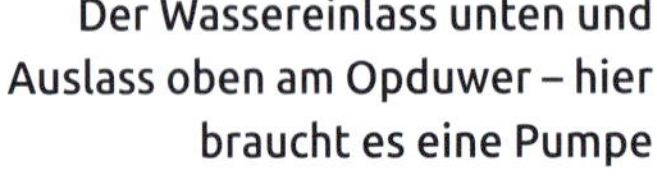
Der Wassereinlass unten und Auslass oben am Opduwer – hier braucht es eine Pumpe

stoßweise aus dem Auslass und bei höherer Drehzahl dann entsprechend mehr.

Wir haben jetzt auch nahezu beliebigen Wasserdruck zur Verfügung und können Höhenunterschiede überwinden bzw. einen hohen Durchfluss für optimale Kühlung erzielen.

Wichtig ist dabei, dass wir die Pumpe nicht überlasten. Wir verwenden (auch wenn Modellbaupumpe draufsteht) hauptsächlich Pumpen, die im Auto für die Scheibenwaschanlage verwendet werden. Diese sind für Kurzzeitbetrieb ausgelegt und nicht für Dauerbetrieb. Also am besten eine große Pumpe mit 12 Volt nehmen und diese mit 6 oder 8 Volt betreiben, dann hält sie länger. Beim Betrieb sollte diese nicht heiß werden, sonst müssen wir die Pumpe selbst auch noch kühlen.

Ein extra Einschalter reicht für die Kühlwasserpumpe, sie muss ja nicht unbedingt über die Fernsteuerung eingeschaltet werden, da sie sowieso dauernd laufen sollte.

## Die Ruderanlage

Damit wir unser Boot auch steuern können, braucht es ein Ruder. Wir könnten ein Schiff mit zwei Antriebsanlagen auch durch die Veränderung der Drehzahl der beiden Motoren steuern, am besten elektronisch gemixt (z. B. mit einer Computerfernsteuerung). Aber mit einem Ruder geht es viel einfacher, ohne Drehzahlverlust und fast jedes Vorbild hat ja auch eines.

Die Form richtet sich wieder nach dem Vorbild. Wobei im Modell wegen der besseren Ruderwirkung oft die Ruderfläche etwas vergrößert wird. Das Originalruder wird einfach nach hinten verlängert, wenn das nicht zu viel ist, dann fällt es auch kritischen Blicken kaum auf. Im Wasser sieht man es eh nicht. Um Vorbildtreue und Ruderwirkung unter einen Hut zu bringen, stecken Modellbauer zum Fahrbetrieb manchmal ein vergrößertes Ruder aus durchsichtigem Plexi-

Ein fertiges Ruder am Opduwer

glas auf das Originalruder auf und nehmen es bei Ausstellungen ab.

Bei unserem Opduwer ist wie im Original alles möglich. So habe ich das Ruder gleich über die ganze Höhe des Kielbereiches im Heck gemacht. Wichtig ist, dass das Ruder gut angeströmt wird. Es sollte also mindestens die Höhe der Schiffsschraube haben und auch genau dahinter mittig platziert werden.

Manche Modelle haben zwei oder mehr Ruder, die aber dann nicht immer gut angeströmt werden. Das Feuerlöschboot *Düsseldorf* hat beispielsweise vier Ruder hinter zwei Schrauben. Die Ruder werden nicht direkt angeströmt, machen das Schiff aber trotzdem im Original und im Modell sehr wendig.

Wir haben also die Form für das Ruder gefunden und eine Zeichnung gemacht oder aus dem Plan entnommen. Jetzt müssen wir für eine stabile Lagerung bei leichter Beweglichkeit sorgen. Oben und unten gelagert werden die Kräfte gut abgefangen. Gerade beim Transport bekommt das Ruder gerne einen Stoß oder Schlag und ein Defekt ist bei nicht stabiler Ausführung vorprogrammiert.

Die Ruderwelle verläuft wieder in einem Wellenrohr, dass senkrecht an der richtigen Stelle im Heck eingeklebt wird. Gelegentlich verwendet man wie bei den Wellen Kugellager und auch Ringlippdichtungen für die Abdichtung der Ruderwellenanlage. Dies ist jedoch nicht immer erforderlich.

Die Dichtigkeit spielt meist keine Rolle, da das obere Ende des Wellenrohres der Ruderanlage so weit wie möglich (je nach Platz zum Deck) nach oben geführt wird. Dadurch liegt es über der Wasserlinie und eventuell eingedrungenes Wasser steigt nicht höher als bis dahin. Somit genügt ein Fetten der Ruderwelle mit Vaseline. Wirklich dichte Ruderanlagen brauchen wir z. B. bei den Seenotkreuzern, die im Heck durch die Tochterbootwanne kaum Höhe für die Ruderwelle haben.

Eine Dichtung an der Ruderwelle beim Bausatz des Schleppers Jan

Das Rohr für die Führung der Ruderwelle (Ruderkoker) muss senkrecht und vor allem stabil eingeklebt werden. Messing wird das bevorzugte Material dafür sein. Wir nehmen die passende Kombination von Messingstange für die Ruderwelle und Messingrohr für die Führung. Bitte großzügig ablängen, wir lassen beides erstmal oben weit aus dem Rumpf herausschauen. Das Ruderwellenrohr wird am besten mit einem passend gebohrten Holzklotz als Verstärkung mit UHU Endfest eingeklebt. Hier ist der beste Kleber gerade gut genug. Zum Abbinden des Klebstoffes muss das Rohr exakt senkrecht ausgerichtet und fixiert werden.

Während dieser Zeit fertigen wir das Ruderblatt aus 3 bis 4 mm starkem Messingblech, aus Epoxidplatinenmaterial, aus Stahlblech, aus dickerem ABS – aber nur im äußersten Notfall aus Holz. Das Ruder befindet sich ständig im Wasser, es bekommt laufend Kratzer bei Betrieb und Transport. Damit ist es mit der Wasserdichtigkeit bald vorbei und es verzieht sich zudem. Messing lässt sich mit der Ruderwelle dann gut (am besten hart) verlöten. Eine weich gelötete Verbindung ohne zusätzliche Verstiftung hält kaum dauerhaft und bricht garantiert dann, wenn wir es nicht brauchen können.

Haben wir unterschiedliche Materialien, z. B. Epoxy und eine Messingstange, dann bleibt zur Verbindung der beiden außer dem besagten UHU Endfest noch das Verstiften. Nach dem Verkleben der beiden Teile bohrt man vorsichtig durch die Welle in das Ruder. Dazu feilt man die runde Welle an den Bohrstellen flach und körnt an, damit der Bohrer nicht abrutscht. Der Durchmesser der Bohrungen richtet sich nach dem Durchmesser der Welle, sollte aus Festigkeitsgründen aber ein Drittel des Wellendurchmessers nicht überschreiten. In diese Bohrungen werden dann kleine Messingdrahtstücke oder besser Stahlnägel verklebt oder/und verlötet. Damit haben wir eine kraft- und formschlüssige Verbindung, die der Belastung in der Praxis in der Regel standhält. Man könnte auch mit kleinen dünnen Schrauben aus dem Modellbahnbereich (zur Gleisbefestigung) arbeiten.

Wenn Ruderblatt und -welle fest miteinander verheiratet sind, dann schleifen wir das Ruderblatt am Ende etwas spitz zu, mindestens aber rund. Kleine Löcher, Kratzer usw. werden mit Feinspachtel geschlossen und das Ganze nach gründlichem Schleifen und Säubern lackiert. Natürlich der Bereich der Welle, der im Wellenrohr läuft, nicht.

Das Wellenrohr wird unten so weit abgelängt, dass das Ruder sich beim kompletten Einschieben in der richtigen Position befindet. Das Ablängen bitte unbedingt mit einer Minibohrmaschine und einer Metall-Trennscheibe erledigen. Mit der Metallbügelsäge belasten wir die Klebung zu stark. Ein gutes Entgraten ist wichtig. Wir machen das von außen mit einer flachen Schlüsselfeile und innen vorsichtig mit einem Dreikantschaber und einer dünnen Rundfeile.

Ebenso verfahren wir mit dem oberen Ende, das wir nicht zu kurz ablängen dürfen. Beide Trennstellen müssen möglichst im 90-Grad-Winkel ausgeführt werden, damit später alles gut verschraubt werden kann. Zwischen Ruder und Ruderwellenrohr kommt noch eine kleine Unterlegscheibe aus rostfreiem Material (Teflon als Optimum, Messing oder Edelstahl). Jetzt kann das Ruder mit den Fingern bewegt werden. Um es aber mittels eines Servoarms zu bewegen, müssen wir am oberen Ende der Ruderwelle einen entsprechenden Arm anbringen. Ihn gibt es im Aussehen wie einen Servoarm mit einer Klemmschraube wie bei der Motorkupplung. Auch hier können wir durch Flachfeilen der Ruderwelle an der Madenschraubenstelle die Festigkeit wesentlich erhöhen. Nichts ist nerviger, wenn sich das Ruder in Bezug zum Servohebel verdreht und das Boot bei allen Senderkommandos nur noch einen Kreis fährt. Wenn Ihnen so etwas am See passiert, fängt es meistens auch noch zu regnen an oder Sie haben einen dringen-

Verbindung von Ruderhebel und Anlenkung mit Madenschrauben

den Termin. Also lieber mit einer kleinen Vierkantfeile vorbeugen.

Dieser Ruderhebel verhindert dann auch, dass das Ruder nach unten wieder herausrutscht.

Eine weitere Möglichkeit, wie man sie bei gekauften Rudern oft findet, ist das oben aus dem Ruderwellenrohr herausschauende Ende mit einem Außengewinde zu versehen. Jetzt kann mit einer selbstsichernden

Die Verbindung von Servo und Ruder mit starrem Draht ist eine stabile Sache, sofern Anlenkung und Servo auf einer Ebene liegen

Mutter (Stoppmutter) das Ruderblatt fixiert werden. Aufgefädelt kann auch der Ruderhebel und am besten mit einer Zahnscheibe gesichert gut festgeschraubt werden. Hier kann Schraubensicherungslack oder gar ein Tropfen dünner Sekundenkleber zur Sicherung eingesetzt werden. Diese Befestigung ist allerdings anfälliger für das angesprochene Verdrehen des Ruders, da die Verbindung nur kraftschlüssig ausfällt.

Befindet sich der Ruderhebel in Position, muss das Ruderservo platziert werden. Servohebel und Ruderhebel befinden sich am besten in gleicher Höhe, damit weniger Biegekräfte bei der Weiterleitung der Stellkräfte auftreten. Ruder- und Servohebel stehen im gleichen Winkel zueinander und sind beide beispielsweise mit 2-mm-Bohrungen versehen. Der Abstand sollte so nah wie möglich sein, um die Gestänge nicht unnötig lang machen zu müssen. Beide Hebel müssen sich aber noch ausreichend bewegen können, vor allem der Ruderhebel Richtung Heck. Dort bitte genügend Platz lassen, oder das Ruderservo um 90° versetzt anordnen.

Die Verbindung kann mit einem auf jeder Seite abgewinkelten Schweißdraht erfolgen, das ist die billigste Methode. Sie hat aber etwas Spiel und der Draht darf aus den Hebeln nicht herausrutschen. Jetzt haben wir eine starre Verbindung, die Zug- und Druckkräfte übertragen kann.

Leider können wir die Verbindung so in der Länge nicht einstellen. Mein Tipp dazu: Machen Sie den Draht etwa 2-3 cm länger und schneiden ihn mit einem stabilen Seitenschneider in der Mitte durch. Die beiden Enden werden in die Hebel eingehängt. Fädeln sie jetzt eine Lüsterklemme aus der Elektroinstallation (am besten mit zwei Schrauben) auf die Drähte und ziehen sie alles nach Ausrichten von Servoarm (mit der Fernsteuerung oder dem Servotester auf Mittelstellung bringen) und Ruderarm fest. Jetzt kann bei Be-

Anlenkung der Steuerdüsen beim Modell Exploit

darf nachjustiert werden. Sorgen Sie dafür, dass sich die Klemme problemlos mitbewegen kann und nirgends anstößt.

Falls eine direkte Verbindung nicht möglich oder sinnvoll ist (beim Seenotrettungskreuzer zum Beispiel), dann können wir auch auf die in vielen Ausführungen bei den Modellfliegern erhältlichen Bowdenzüge zurückgreifen. Sie bestehen in der Regel aus Kunststoff und sind somit wasserfest. Mit etwas Fett abgedichtet, kann man die Ruderanlenkung auch nach außen ins Wasser führen, wie es für die Anlenkung der Düsen von Jetantrieben nötig ist.

Hier sieht man auch die Verbindung mit speziellen Kugelgelenkstücken. Sie erlauben auch eine vertikale Beweglichkeit der Anlenkung. Im vorherigen Foto sieht man auch die Verbindung des Bowdenzuges mit dem Kunststoffteil der Anlenkung. Neben UHU-Allplast als Kleber wurde mit einem 1-mm-Bohrer und versilbertem Schaltdraht eine Verstiftung hergestellt.

Diese Anlenkungen gibt es in verschiedenen Ausführungen z. B. mit Innengewinde. Hier kann eine Gewindestange aus dem Modellbauzubehör (billiger ist eine Fahrradspeiche) als Anlenkungsdraht verwendet werden und durch das Gewinde und die dazugehörige Kontermutter in der Länge verstellt und fixiert werden.

Sie brauchen eine Zugangsmöglichkeit an die Ruderanlenkung im Heckbereich. Sehen Sie also eine Luke vor, die wasserdicht mit Dichtung und Schrauben oder mit einem nicht allzu festklebenden Kleber verschlossen ist. Sonst können Sie später nur mit Beschädigung des Bootes ein eventuell defektes Ruder reparieren.

## Alternative Ruderherstellung und Anlenkung

Als Ausnahme, die der Betriebssicherheit und der Tatsache geschuldet ist, dass ich an den oberen Teil des Hecks später nicht mehr richtig hinkomme, möchte ich die bei meinem Opduwer verwendete Ruderbefestigung und -anlenkung beschreiben.

Das Ruderblatt aus dickem weißem Kunststoff gefertigt, erhält an der Stirnseite („Ruderwellenseite“) mit der Trennscheibe einen durchgehenden mittigen Schlitz ca. 1 cm tief. Für die Drehverbindung verwende ich keine Ruderwelle, die die Drehbewegung übernimmt, sondern wie früher im Original oft verwendet: Ruderscharniere.

Die Flächenscharniere der Flugmodellbauer dienen uns als Ruderscharniere – sie werden verkürzt

Die aus dünnen Kunststoffplatten gefertigten Flächenscharniere der Flugmodellbauer leisten hier gute Dienste. Mit ihnen werden Querruder oder Höhen- bzw. Seitenruder am Modellflugzeug beweglich befestigt. Es gibt sie in vielen verschiedenen Größen. Die Schenkel der Scharniere werden halbiert und die als Drehzapfen verwendeten Nägel entfernt.

Wir fertigen uns einen eigenen langen Drehzapfen aus einem Stück Messingdraht an. Er darf ruhig etwas länger sein. Jetzt fädeln wir die benötigten Scharnierteile auf den Draht auf und stecken sie in den Schlitz des Ruderblattes. Wir achten auf gleichmäßigen Abstand des Messingdrahtes zum Rand des Ruders, dann sind alle Scharniere in einer Flucht. Mit etwas Sekundenkleber und viel Gefühl fixieren wir die Scharnierteile im Ruderblatt. Dabei darf kein Kleber auf den Drehbereich der Scharniere kommen.

Die gegenseitigen Scharnierteile gesellen sich zu ihren Kameraden und diese Teile können jetzt in den entsprechend am Kiel gefrästen Schlitz geschoben und fixiert werden. Achten Sie darauf, dass das Ruder geradesteht und die Scharniere beim Bewegen nicht klemmen. Wenn dies der Fall ist, können wir den Messingdraht vorsichtig nach unten he-

Das Verstiften der Scharniere erhöht die Festigkeit und sie können nicht so leicht herausgezogen werden

Einkleben der Scharnierhälften

rausziehen und die Scharniere mit 2-K-Kleber gut verkleben. Zur weiteren Erhöhung der Stabilität habe ich die Ruderscharniere in Ruderblatt und Rumpf noch mit kleinen Stücken eines Kunststoff-Bowdenzuges verstiftet.

Durch diese Konstruktion brauche ich kein Gegenlager unten am Ruder und am Kiel und durch Herausziehen des Messingdrahtes (der unten am Kiel festgeschraubt wird), kann das Ruder leicht demontiert werden, falls nötig. Diese Konstruktion, wie auch die nachfolgend beschriebene Anlenkung, arbeitet seit zwei Jahren auch unter härtesten Bedingungen problemlos.

Die Anlenkung kann ja wegen der fehlenden Ruderwelle nicht wie bereits beschrieben oben im Rumpf erfolgen. Ich verwende das Prinzip der früheren Segelschiffe. Oben am Ruder wird auf jeder Seite ein verzinkter Stahlwinkel mit einer durchgehenden M4-Schraube und Stoppmutter befestigt. Jetzt habe ich einen – wenn auch kleinen aber ausreichenden – Hebelarm (ähnlich dem angesprochenen Ruderhebel). Auf jeder Seite wird ein Stahlseil befestigt, das bei einem großen schwedischen Möbelhaus für die Vorhangbefestigung vorgesehen war. Es ist der Rest aus dem Zimmer meiner Tochter (immer alles aufheben). Wichtig ist die rostfreie Qualität. Verbunden werden Stahlseil und Winkel mit einem Kabelschuh aus der Elektrotechnik, der zusammengepresst, verlötet und verklebt wurde. Eine Verstiftung ist beim Stahlseil mit den einzelnen Adern nicht möglich. Es hält bisher „bombenfest“.

Da wir mit dem Stahlseil nur auf Zug arbeiten können, muss mit zwei Seilen – eines auf jeder Seite – gearbeitet werden. Entsprechend ist dann auch der Servohebel (ein Metallteil von den großen Modellfliegern) symmetrisch. Die Stahlseile werden gut mit Vaseline gefettet im Rumpf durch Kunststoff-Bowdenzugröhrchen geführt (im Foto orange zu erkennen), die wegen des möglichen Wassereintritts so lang wie möglich gelassen werden müssen. Die Befestigung am Servo erfolgt mit käuflichen Klemmschrauben, die ein Einstellen ermöglichen.

Trotz prinzipbedingtem leichten Spiel kann das Ruder sehr exakt und schnell bewegt werden. Die Ausschläge sind auch relativ groß – nicht ganz vorbildgerecht – dadurch hat der Opduwer eine tolle Wendigkeit, die dem großen Pott im Modellhafen zugute kommt.

Die Verbindung von Stahlseil und Ruder. Das Stahlseil wird durch einen Bowdenzug bis zum Servo geführt

# Kapitel 10: Anordnung und Einbau der Komponenten

Elektronik und Wasser oder Feuchtigkeit mögen sich nicht. Wenn sie zusammenkommen, geht das meistens schief. Wassertropfen auf elektronischen Schaltungen, wie nicht wasserdichten Fahrreglern oder Servos (führt zu unkontrollierten Lenkbewegungen) oder gar dem Empfänger sind unbedingt zu vermeiden. Insbesondere, wenn der Empfänger mit Wasser in Berührung kommt, geht gar nichts mehr, das bedeutet Betriebsausfall, möglicherweise auch den Verlust des Modells, weil es sich selbstständig macht. Auf jeden Fall steht ein Gang zum Modellbauhändler vor Ort oder ein Einkauf im Internet an. Hier habe ich in meinem Modellbauerleben schon einiges an Lehrgeld gezahlt, was sich durch umsichtige Behandlung der Komponenten sicher hätte vermeiden lassen.

Der Einbauort ist schon mal entscheidend. Selbst das Ruderservo sollte vom Schiffsboden weg etwas nach oben gesetzt werden. So kann eindringendes weniges Wasser das Servo nicht erreichen und die gesamte Anlage damit außer Gefecht setzen, da die Stromversorgung über den Empfänger erfolgt. Ruderservos sollten auch vor Tropfwasser von oben geschützt werden. Am besten ein kleines „Regendach“ aus einem Stück Kunststoff-Platte darüber schrauben. Jetzt läuft das eventuelle Tropfwasser außen vorbei.

**Dieses Servo am Luftschraubenboot muss noch gut abgedichtet werden**

Die Servogehäuse sind in der Regel im unteren Drittel geteilt, damit sie geöffnet werden können. Ein eng umgewickelter Streifen Klebefilm wirkt bereits Wunder und Wasser kommt nicht oder kaum ins Servoinnere. Die oben herauskommende Achse zum Drehen des Servoarms wird mit Vaseline ummantelt, so kann oben kein Wasser eindringen und auch Schmutz bleibt draußen. Das bietet sich für Servos an, die z. B. direkt dem Spritzwasser ausgesetzt sind, weil es konstruktiv nicht anders geht.

Am wenigsten empfindlich gegen Wasser sind unsere (herkömmlichen) Elektromotoren. Sie können teilweise kurzzeitig auch unter Wasser laufen. Das ist mir bei dem gezeigten Luftschraubenboot schon passiert, als es bei einem rasanten Manöver umgekippt ist. Der Motor funktionierte einwandfrei. Allzu oft sollte man das allerdings nicht machen, da sonst die Korrosion dem Motor schnell ein Ende bereitet. Er frisst sich fest.

Bestens geschützt werden muss der Empfänger, das Herzstück unserer Fernsteueranlage im Boot. Hier sollte es mindestens eine gut mit Kabelbinder oder Gummi verschlossene Plastiktüte sein. Ich verwende die Verpackungen von kleineren Modellbau-Dingen und habe mittlerweile eine ganze Schublade voll von diesen Tüten, in allen Größen – Jäger und Sammler halt. Manchmal packen Modellbauer den Empfänger in einen Luftballon, um ihn wasserdicht zu verpacken. Ich halte davon nichts, die Kontrollleuchten sind nicht mehr zu sehen. Die Stecker können nicht kontrolliert werden, ob sie richtig sitzen usw. Die durchsichtigen Tüten sind da besser. Manchmal versehe ich die Tüten noch mit Klettband, damit der Empfänger gleich an die Rumpfwand oder unter das Deck geklettet werden kann.

Machen Sie die Anschlusskabel für Servos, Empfängerakku und Regler entsprechend lang und wickeln sie am „Eingang" dieser Kabel in die Tüte Klebefilm herum.

Problemkind Nummer eins beim wasserdichten Verpacken ist unser Drehzahlsteller. Hier ist eine Tüte nur bei kleinen Exemplaren, die nicht warm werden angesagt. Denn ohne Wasserkühlung muss die Wärme des Kühlkörpers ja an die Luft abgegeben werden, was in der Tüte nicht passieren kann. Besser haben es da die Exemplare mit Wasserkühlung. Jetzt müssen zu den Anschlusskabeln für Motor, Akku und Empfänger noch zwei Kühlwasserschläuche durch die Tüte geführt werden.

Falls der Regler nicht in eine Tüte kann, muss er an einer wassergeschützten Stelle im Boot befestigt werden. An der Rumpfseite oben mit Schutz gegen Tropfwasser oder Decksunterseite wären solche Orte. Da der Drehzahlsteller wegen des geringeren Verlustes auf kurzen Leitungen am besten so nahe wie möglich am Motor seinen Platz finden muss, braucht es hier einfach einen Kompromiss. Lieber verlängern Sie die Leitungen, als Wasser auf den Regler zu bekommen!

**Der Regler gut eingepackt und im Boot befestigt**

Lenzpumpe in der Grimmershörn

Natürlich können wir auch einen Wassermelder einbauen, der uns akustisch und/oder optisch eindringendes Wasser meldet sowie wenn gewünscht eine Lenzpumpe einschaltet. Die nötige Elektronik ist relativ leicht aufzubauen und in der Zeitschrift MODELLWERFT bereits beschrieben worden.

Im Modell der *Grimmershörn*, wo die knapp 30 Jahre alte Welle etwas Wasser ins Boot tropfen lässt, habe ich eine kleine Lenzpumpe eingebaut, die über einen Schaltkanal der Fernsteuerung manuell bedient wird. Etwa alle 15 Minuten betätige ich die Pumpe für ein paar Sekunden und pumpe das angesammelte Bilgenwasser außenbords.

## Die sichere Befestigung der Fahrakkus

Da wir sehr schwere Bleiakkus in unseren „Dickschiffen" einsetzten, hätte ein Verrutschen oder Losreißen bei einem Zusammenstoß mit dem Beckenrand fatale Folgen. Der Schwerpunkt verändert sich dramatisch und das Modell wird aller Wahrscheinlichkeit nach kentern und versinken. Bei kleineren Flachen Akkus genügt das beliebte Klettband. Wenn es nicht gerade Rennboote sind, die sich gelegentlich auf den Rücken legen, genügt das. Für eine absolut sichere Befestigung z. B. der Rennbootakkus kann man verschraubte Klettbandstreifen, lösbare stabile Kabelbinder oder Verschraubungen verwenden.

Ein Extremfall von Akku wird in meinem Opduwer verwendet. Es handelt sich um eine Starterbatterie, die mit 44 Ah genügend Kapazität und mit 11,3 kg genügend Masse für das notwendige Bootsgewicht von 30 kg hat. Ausreichend Platz steht auch zur Verfügung und mit ca. 50 € ist dies auch noch eine preiswerte Lösung.

Problematisch ist die hohe Form der Batterie, die augenscheinlich den Schwerpunkt recht hoch setzt. Durch den sehr tief angebrachten Eisenballast (ca. 10 kg) und das hohe Gewicht des Rumpfes (knapp 9 kg) liegt der Opduwer trotzdem stabil im Wasser und ist nicht umzukippen.

Aus Bandscheibenschonungsgründen ist die Halterung für die Batterie so ausgelegt, dass diese eingesetzt und entnommen werden kann, wenn das Modell bereits im Wasser liegt. Denn das komplette Modell wiegt ca. 30 kg und kann alleine kaum aus dem Wasser gehoben werden.

Wichtig ist eine Halterung am Boden des Modells, die ein Verrutschen des Akkus verhindert. Dazu muss der richtige Platz der Batterie durch Trimmversuche gefunden und angezeichnet werden. Die Bodenhalterung besteht aus grundierten und lackierten Holzleisten, die fest mit den Spanten und dem Kiel verschraubt sind. Kleben reicht hier nicht aus. Im oberen Bereich befindet sich noch ein Rahmen, der das Umkippen des Akkus verhindert. Und sollte sich der Opduwer mal auf den Rücken legen, wird die Batterie durch einen verschraubbaren Riegel aus Multiplexplatte am Herausfallen gehindert. Aber so weit wird es hoffentlich nicht kommen. Ein bisschen Tüftelarbeit war schon nötig, denn die Batterie muss millimetergenau gehalten werden, sie darf sich auf keinen Fall bewegen ($F = m \times v^2$) – also auf keinen Fall „Geschwindigkeit aufnehmen". Auf der anderen Seite soll der Akku einfach aus dem schwimmenden Schiff wieder entnommen werden können. Auf den Bildern sieht man die Konstruktion der Halterung, deren Aufwand sich auf jeden Fall lohnt.

**Die stabile Akku-Halterung im Opduwer. Hier müssen gut 11 kg im Zaum gehalten werden**

# Kapitel 11: Das Deck

Das Deck entsteht, nachdem die obere Rumpfform mit Lotschere und einer sogenannten Vibrationssäge sowie mit Raspel (vorsichtig), Feile und Schleifpapier gestaltet wurde. Wichtig ist die symmetrische Ausführung, sonst haben wir ein schiefes Boot.

**Bearbeitung des Randes mit einer Vibrationssäge. Es ist dies ein Modell vom Discounter, für unsere Zwecke aber völlig ausreichend**

Auf dem Rand des Rumpfes können wir das Deck nicht befestigen. Deshalb habe ich stabile Leistenstücke im Querschnitt 15×15 mm zwischen die Spanten geschraubt und geklebt. Diese Decksauflagen werden durch Bohrungen in der Rumpfwand mit Spaxschrauben verschraubt und an den Spanten mit schrägen Holzschrauben. Die durch die gerundete Rumpfwand entstehenden Lücken zwischen Rumpf und Leisten habe ich unten mit Klebeband abgedichtet und von oben mit Harz ausgegossen. Materialgewicht spielt hier bestimmt keine Rolle.

Bei Schiffen dieser Gewichtsklasse muss alles etwas massiver und stabiler sein. Bei kleineren Schiffen reicht das Verkleben von passenden Holzleisten. Übrigens lassen sich ABS und Holz am besten mit UHU-Allplast verkleben.

Das Deck habe ich wegen der Größe und der Form nicht als komplettes Deck angefertigt und befestigt. Bei kleineren und leichteren Booten kann das durchaus mit Flugzeugsperrholz o. ä. geschehen.

Angefangen habe ich mit dem leicht gewölbten Vordeck, für das ich erst einmal eine Kartonschablone zugeschnitten habe. Es muss zwischen den vorderen Süllrand an der Spitze des Rumpfes liegen und deshalb schon vorher zugeschnitten werden. Die Form habe ich auf Flugzeugsperrholz übertragen. Damit die Rundung auch gleichmäßig ist, habe ich die beiden vorderen Spanten mit einem Rundholz verbunden (verschraubt) und das

ABS und Holz lassen sich mit UHU-Allplast gut verkleben – hier die Decksauflagen an einem Segelbootsrumpf

Eine Schablone spart Zeit, Material und Ärger

**Das Vordeck aus Flugzeugsperrholz befestigt, abgedichtet und verspachtelt**

Vordeck hat somit an der höchsten Stelle eine stabile Auflage. Die braucht es auch, da das Flugzeugsperrholz dafür eigentlich zu dünn und zu flexibel ist. Eine dickere Variante oder passendes Sperrholz wäre sicherlich besser gewesen. Aber ich wollte es dann nicht wieder herunterreißen. Das Flugzeugsperrholz wurde auf der Unterseite mit Grundierung (G4) versehen. Dadurch wölbte es sich nach dem Trockenen schon in die richtige Richtung. Aufgeklebt und an den Spanten mit vielen Messingnägeln fest aufgenagelt war das schon eine stabile Sache. Die Ränder wurden mit Kleber und Harz versiegelt und verspachtelt. Jetzt sieht es mit seiner zu großen Krümmung (Deckssprung) wie ein holländischer Holzschuh aus.

Als Nächstes folgte der Süllrand für den Aufbau. Dieser wird im nächsten Kapitel beschrieben. Nachdem dieser Rahmen befestigt war, konnten die Seiten des Decks und das Achterdeck mit Sperrholzstreifen und -platten geschlossen werden.

Das Sperrholz wird neben der Leimverbindung grundsätzlich verschraubt. Die kleinen Spaxschrauben mit Maßen 2×12 bis 2,5×16 gibt es im Baumarkt. Achten Sie darauf, die Schraubenlöcher im Sperrholz mit dem Durchmesser der Schraubendicke durchzubohren und die Bohrungen anzusenken, damit die Schrauben verschwinden und verspachtelt werden können. Außerdem reißt beim Eindrehen der Schrauben das Holz dann nicht so leicht aus.

Übrigens ist für diese Arbeiten mit so kleinen Schrauben der Akkuschrauber sehr vorsichtig zu führen und das Drehmoment auf ganz klein zu stellen. Anziehen der Schrauben zum Schluss immer mit einem passenden Kreuzschraubendreher mit der Hand – wegen des Gefühls.

Gut abdichten, bzw. verstärken der Kanten Rumpf-Deck kann mit kleinen Glasfaserstreifen, die von unten mit Sekundenkleber fixiert werden und mit Harz bestrichen werden. Zwischenräume werden mit Stabilit oder Harz ausgefüllt. Anschließend wird alles Holz mit G4 behandelt und Unebenheiten und Löcher zugespachtelt.

Markieren Sie notwendige Zugangsöffnungen und Luken vorher, aber schneiden Sie diese erst später raus. Das geht mit einer Holz-Trennscheibe und einer Minibohrmaschine ganz gut. Bei meinem Opduwer war im Deck dank der außergewöhnlichen Ruderanlenkung keine eigene Zugangsöffnung zu erstellen.

# Kapitel 12: Aufbau

Üblicherweise beginnt der Aufbau mit dem Anfertigen eines Süllrandes um die Zugangsöffnung im Deck. Dieser Süllrand verhindert, dass Wasser vom Deck ins Bootsinnere läuft.

Auf diesen Süllrand wird dann der Aufbau gestülpt und hält so relativ fest. Eine gute Passung zwischen Aufbau und Süllrand ist anzustreben, dann ist die Festigkeit höher und Wasser kann kaum noch eindringen.

Dieses altehrwürdige Boot hat einen zu niedrigen Süllrand und „speichert" das Spritzwasser vom Deck im Rumpf

Bei dem gezeigten Schubboot verhindert der Süllrand, dass Wasser vom Deck ins Bootsinnere gelangt

Zur Sicherheit kann der Aufbau noch mit Magneten aus dem Möbelbereich oder Verschraubungen gesichert werden. So mancher Aufbau ist nach einer Kollision auf dem Wasser für immer in den Fluten versunken, weil er nicht ausreichend befestigt war.

Beim Opduwer habe ich es mir einfach gemacht: Ich habe Süllrand und die Wände des „Maschinenhauses“ in einem Stück gefertigt. So habe ich einen besonders hohen Süllrand und kein Spalt ist zwischen Deck und Aufbau zu sehen. Das Dach des Aufbaus ist abnehmbar und garantiert schon durch seine nahezu DIN A4 Größe einen guten Zugang zum Bootsinneren.

Im hinteren Bereich befindet sich die Plicht (auch umgangssprachlich Cockpit genannt), der tiefere Teil, in dem der Skipper steht und die Fahrgäste sitzen. Diesen Bereich gestaltete ich als festen Ausbau mit grundiertem Sperrholz. Alles möglichst wasserdicht, damit überkommendes Wasser nicht ins Bootsinnere läuft. Normalerweise hat dieser Teil des Bootes Lenzöffnungen, durch die das überkommende Wasser gelenzt werden kann. Im Modell habe ich da noch keine Lösung. Selbstlenzröhren, die mit dem Sog beim Fahren das Wasser absaugen oder Selbstlenzklappen wie bei den Segelbooten wollte ich aus Dichtigkeitsgründen nicht vorsehen. Wenn z. B. Regenwasser sich in der Plicht sammelt, sauge ich es mit einer Spritze heraus oder wische es auf. Ja, Regenwasser! Der Opduwer ist nämlich ein Allwetterboot, das bei einem Schaufahren am Wochenende gut und gern zwei oder drei Tage im Wasser verbleibt.

Nicht ganz ohne war in der Plicht das Realisieren der benötigten Zugangsöffnungen. Die „Motorhaube“ erhielt einen Deckel, hier komme ich im Bedarfsfall an den Elektromotor ran. Und für Arbeiten am Gelenk wurde ein „Kardantunnel“ mit Deckel erstellt. Zuletzt erhielt die Sitzbank noch eine Luke für die Erreichbarkeit des Servos. Diese Öffnungen werden mit nahtlosen Dichtungen aus Moosgummiplatten abgedichtet und gut verschraubt. Die Moosgummiplatten gibt es

Ausbau der Plicht mit Zugangsöffnungen, abgedichtet wurde hier mit Acryl-Dichtmasse. Sie kann überstrichen werden

billig und in allen Farben im Spielegeschäft oder in den Bastelabteilungen von Baumarkt oder Kaufhaus. Eine DIN A3 Platte kostete ca. 2 € und reicht für einige Opduwer.

Für ein gutes Ergebnis gehen wir folgendermaßen vor: Die Deckel werden genau zugeschnitten und grundiert/lackiert. Anschließend legen wir sie auf eine Moosgummiplatte und zeichnen die Umrisse an. Mit einer Schere oder einem Cuttermesser wird das Moosgummi ausgeschnitten. Die Deckel werden mit den Bohrungen für die kleinen Spaxschrauben versehen. Diese müssen dort liegen, wo die Schrauben auch genügend Halt haben, also über Leisten oder dicken Brettkanten. Das Ansenken mit einem kleinen Maschinensenker, in einen Handwerkzeughalter eingespannt, nicht vergessen.

Die Deckel legen wir auf die dazugehörigen Moosgummistücke. Jetzt zeichnen wir mit einem wasserfesten Folienstift die Bohrungen auf den Moosgummi durch. Auf

Ansenken mit Maschinensenker im Handwerkzeughalter

einem Rest Birkensperrholz oder Spanplatte stanzen wir mit einem kleinen Stanzeisen und einem Hammer die angezeichneten Punkte aus. Wenn wir jetzt Deckel und Dichtung beim Montieren übereinanderlegen, dann haben die Schrauben keinen Kontakt zum Dichtungsmaterial und dieses kann nicht mitgedreht und beschädigt werden. Die Dichtfläche bleibt ringsum geschlossen und das dauerhaft. So verfahre ich auch bei größeren Deckeln bei Schlepper oder Polizeiboot. DIN A3 Größe ist hier das Maximum. Ein Anstückeln sollte vermieden werden.

Holz ist unser (eigentlich mein) Favorit! Es geht aber auch mit Kunststoff oder Metall. Gerade die ABS-Platten mit ihrer glatten, wasserfesten Oberfläche bieten sich für diese Arbeiten an. Man spart sich Zeit und Aufwand für die Konservierung.

Bei den Aufbauten muss man immer das Gewicht im Auge behalten. Je höher man baut, umso leichter sollten die Materialien und die Bauweise sein. Einen Mast bei einer modernen Fregatte und die darauf befindlichen Radaranlagen können wir kaum aus Messing-Vollmaterial machen. Dann kentert unser Schiff schon bei der ersten Welle. Ähnlich verhält es sich bei den Aufbauten. Schwere Materialien können meist problemlos durch ABS-Platten oder Platinenmaterial ersetzt werden. Vielfach bietet sich die Verstärkung von Klebekanten und Ecken mittels Vierkantleisten an (Holz oder Kunststoff).

Beim Opduwer war das Dach eine Herausforderung. Es ist in beide Richtungen gebogen und muss durch das Abnehmen auch ohne Ausbau in Form bleiben. Zudem darf es nicht klemmen oder sich von selbst lösen. Aber ich liebe solche Aufgaben!

Zuerst wurde nach den bereits befestigten und fertigen Wänden des Aufbaus ein Innenrahmen gefertigt. Dabei kamen 10-mm-Vierkantleisten aus Kiefer zum Einsatz, die abgemessen, zugeschnitten und innerhalb der Wände mit Klammern an den Längsseiten befestigt wurden. Jetzt wurden die Zwischenstreben, die quer verlaufen vorne, hin-

Dichtung am Decksverschluss eines Selbstbau-Polizeibootes

ten und in der Mitte genau eingepasst und verklebt. Nach Trocknung des Leims konnte der Rahmen entnommen werden. Bitte sofort vorne usw. markieren, dass der Rahmen nicht beim Weiterbau verkehrt verwendet wird und zum Schluss nicht mehr passt.

Die Dachkanten wurden angepasst (Feinsäge, Feile usw.) und leicht abgerundet. Das Dach steht an den Seiten und vorn leicht über und leitet das Regenwasser ab. Eine dichte und stabile Lösung. Dach und Aufbau werden mit mehreren Schichten G4 behandelt,

Der „Deckel" von innen

um möglichst wasserfest zu bleiben. Dabei immer wieder überprüfen, ob das Dach noch passt und sich ohne Beschädigung auch wieder abnehmen lässt. Im hinteren Bereich erhält es eine Art Steg, der das Ablaufen von Wasser in die Plicht verhindern soll. Ein Sperrholzstreifen, passend gebogen zugesägt wurde geklebt und verschraubt und dann verspachtelt.

Für die Wölbung in beide Richtungen leimte ich Abstandsklötze auf den Rahmen, und zwar mittig und in Form einer Leiste von vorn bis hinten in der Mitte. Dünnes Sperrholz mit Stärke 3 mm wurde nun mit gutem Überstand zugeschnitten und gut gewässert (einfach unter dem Wasserhahn). Die nasse Sperrholzplatte wird mit reichlich Holzleim und vielen Zwingen auf den Rahmen gespannt. Dabei darf sich der Rahmen nicht verziehen. Also gleichmäßig arbeiten und viele, viele Zwingen verwenden.

Nach zwei Trocknungstagen wurden Rahmen und Deckel noch mit kleinen Spaxschrauben verschraubt und die Klebestellen (diesmal mit UHU-Hart) nachgeklebt. Nach leichtem Schleifen an den Außenkanten des Rahmens passte dieser gut auf den Aufbau.

# Kapitel 13: Details

Dieser Bereich könnte eigentlich ein eigenes Buch ergeben. Deswegen beschränke ich mich hier etwas, wenn es auch schwerfällt.

Die beim Opduwer verbauten „Ausschmückungen" halten sich in Grenzen und sind überwiegend einfach zu erstellen. So haben wir es erstmal gern, denn wir wollen diese Dinge ja selbst bauen! Dabei kommt es mit darauf an, mit möglichst überschaubarem Aufwand das beste Ergebnis zu erzielen. Sie können alle Ausstattungsdetails in guter bis sehr guter Qualität im Zubehörhandel kaufen. Entscheiden Sie selbst und freuen Sie sich bei einem selbst gebauten Teil über Ihren Erfolg und das gesparte Geld.

## Schlepppoller

Die ja zum Schleppen vorgesehenen Opduwer hatten auf dem Achterdeck meist einen größeren und vor allem stabilen Poller, an dem die Schleppleine festgemacht wurde. Diese „Funktion" wollte ich mit meinem Opduwer auch nachbilden. Es sollte sogar so stabil gebaut werden, dass ich damit ein am Poller befestigtes Schlauchboot in einem fließenden Gewässer ziehen kann. Auf den kleinen Punkt am Heck kommen also große Kräfte zu. Entsprechend stabil musste der Poller also gefertigt werden. Stahl war hier angesagt. Ein 10 mm dicker Stab wurde bis zum Kiel herunter am vorletzten Spant mit dicken Holzschrauben festgeschraubt.

Die Befestigung der Stange im Bootsrumpf

Damit war ein guter Hebelarm erreicht. Die Stange wurde an den Bohrstellen mit der Feile abgeflacht, gekörnt und gebohrt. Jetzt wurde die „Fahnenstange“ durch die passende Bohrung im Deck am Spant verschraubt. Die Öffnung wurde gut abgedichtet und verspachtelt.

Zur besseren Befestigung eines Seils erhielt die Stange eine Querbohrung mit einem 4-mm-Bohrer. Bitte bei derlei Bohrungen immer abflachen, ankörnen und mit einem möglichst scharfen Bohrer arbeiten – Schutzbrille ist dabei Pflicht!

Ankörnen der Querbohrung

Bohren der Querbohrung

Man muss sich dabei schon anstrengen, dass die Bohrung im richtigen Winkel liegt. Wenn nicht ist das Kreuz später schief!

**Die Querstange passt gut in die Querbohrung – viele Späne gilt es wegzusaugen (Bitte nicht pusten!)**

Nach dem Abtrennen der „Fahnenstange“ mit einer möglichst glasfaserverstärkten Trennscheibe wurde noch eine Gummischeibe zur Schonung des Decks drübergeschoben und die Querstange (4-mm-Stahlstange, abgelängt und abgerundet) mit UHU-Endfest 300 eingeklebt.

Nach Trocknung erhielt das Kreuz noch eine (mehr oder weniger) senkrechte Bohrung und wurde durch eine weitere Stahlstange verstiftet. Diese wurde mit Klebstoff und vorsichtigen Hammerschlägen eingetrieben, abgelängt und dann der ganze Poller mit der Kleinbohrmaschine verschliffen (Schutzbrille!).

Jetzt war das Ergebnis so stabil, dass das Boot (später mit seinem ganzen Gewicht von 30 kg) daran hochgehoben werden konnte. Beim Zuwasserlassen des Bootes ist das eine große Hilfe. Hier wird dann mittels Karabiner ein Gurt befestigt und so kann das Boot relativ rückenschonend gewassert werden.

**Die Stange wird oben abgelängt und verschliffen**

Verstiftet wird mit einem abgesägten Stück einer Schiffswelle

Der Poller ist so stabil, dass an ihm ein Tragegurt befestigt werden kann

## Bullaugen

Bullaugen sind die runden Fenster, die im Schiffbau häufig verwendet werden. Sie sind entweder fest verglast oder gut verschließbar, damit kein Wasser ins Schiff eindringen kann. Teilweise befinden sie sich sogar im Bereich der Wasserlinie und werden bei Seegang überspült. Sie bringen etwas Tageslicht in Kabinen und Arbeitsräume auf dem Schiff.

Im Modell müssen wir in erster Linie auf die Größe, dem Maßstab entsprechend, achten. Manchmal befindet sich auch eine Art Vordach oder Regenrinne (Abweiser) über dem Bullauge, damit das von der Bordwand ablaufende Wasser die Fenster nicht verschmutzt.

Bullaugen bestehen aus einem verschraubten Metallrahmen und der stabilen Scheibe, gegen Anlaufen meist doppelwandig ausgeführt.

Größen im Werkzeughandel oder im Nähzubehör oder größer in der Zeltfertigung/-reparatur. Als Verzurrösen für Planen sind sie ebenfalls zu bekommen. Die Größe endet meist bei ca. 20 mm Durchmesser. Für größere Bullaugen bleibt oft nur die Selbstanfertigung mittels Drehbank oder eben die Improvisation.

**Bullaugen im Original an einem wunderschönen Schiff auf der Spree in Berlin**

Im Modell bilden wir die Bullaugen ebenfalls in zwei Teilen nach. Der Rahmen kann z. B. aus einem passenden Hohlniet bestehen. Hier muss nur die passende Bohrung in den Rumpf gebohrt werden und der passende Niet (lackiert) eingesetzt werden. Niete (manche sagen auch Nieten) gibt es in verschiedenen

Die Bullaugen für den Opduwer haben ca. 30 mm Durchmesser. Ich bin viele Monate mit offenen Augen durch Bau- und andere Märkte gegangen und habe im Internet viel gesucht. Es gibt fertige Bullaugen in dieser Größe, die noch richtig gut aussehen, aber ich wollte diesmal wirklich selbst bauen. Nach vielen

Versuchen mit Dichtungen, Karosseriescheiben usw. fiel mein Blick im Baumarkt auf Vorhangringe aus Metall. Sie sind praktischerweise schon verchromt und haben vor allem die passende Größe. Leider fehlt noch ein zweiter Ring außen herum, an dem die Verschraubung angedeutet werden kann. Das Foto zeigt die noch nicht fertigen Exemplare im Opduwer.

Für die Scheibe nahm ich runde Brillengläserrohlinge, an die ich durch Zufall mal herangekommen bin. Nach deren Durchmesser musste ich auch die Ringe aussuchen. Jetzt habe ich also Echtglas-verglaste Bullaugen im Modell.

Die Herstellung und der Einbau sind nicht ganz einfach, aber zu schaffen. Achten muss man vor allem darauf, keinen Kleber auf die Scheiben und die sichtbaren Stellen der Ringe zu bekommen. Die Vorgehensweise zeigen die Fotos.

Das Anzeichnen der Bohrungen muss sehr genau erfolgen und die Bullaugen müssen auf gleicher Höhe sein

Die angezeichneten Bohrungen werden mit einem passenden Forstnerbohrer gebohrt

So sieht es aus, wenn die Rückseite ausreißt

So vermeiden Sie das Ausreißen der Rückseite – ein Abfallholz dahinter spannen

Die Ränder werden nach dem Abschleifen schwarz eingefärbt (sieht besser aus)

Die Ringe werden nach gründlicher Anpassung an den Glasdurchmesser (es fehlten einige Zehntel-Millimeter) auf doppelseitigem Klebeband fixiert, dann die Gläser vorsichtig mit klarem 2-K-Kleber (UHU-Schnellfest, blau) eingeklebt

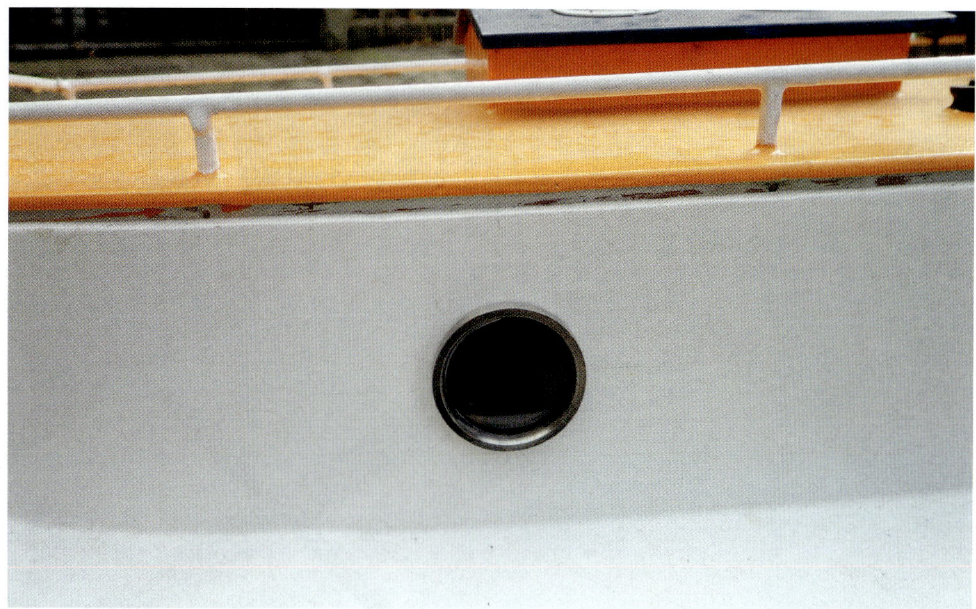

**(Vorerst) fertige Bullaugen am Modell, es fehlen noch die äußeren Ringe mit der Verschraubung. Hier bin ich noch auf der Suche**

Bullaugenverglasungen lassen sich recht einfach herstellen, wenn man klares Plexiglas zusägt, schleift und einklebt – eine Geduldsarbeit. Bei kleineren Durchmessern gibt man einfach einen Tropfen klaren 2-K-Kleber in die Öffnung (liegend) und lässt es trocknen. Die Bullaugen sollten dabei am besten mit der Rückseite in einer neuen Mischwanne liegen, damit das „Glas" beim Ablösen möglichst klar bleibt. Eine leicht milchige Oberfläche ist bei Bullauen auch nicht so verkehrt, man kann dann nicht mehr ins Modell sehen – außer Sie haben die Inneneinrichtung der Kabine genau nachgebildet.

Meine großen Glasfenster im Opduwer werde ich entweder mit Tönungsfolie versehen oder mir etwas anderes einfallen lassen.

## Mast

Mindestens einen Mast gibt es auf fast jedem Schiff. Die älteren hatten noch richtig hohe Exemplare, meist aus Holz. Bei den modernen Schiffen sind es oft Gitterkonstruktionen, die im Modell mit viel Fleiß und Mühe aus Messingrohren zusammengelötet oder aus anderen Materialien geklebt werden müssen.

Manche Opduwer haben einen einfachen Holzmast, der hauptsächlich als Flaggenmast gebraucht wird, mein Opduwer hat daran auch noch einen Teil der nautischen Beleuchtung angebaut.

Dieser Mast muss im Original umlegbar sein, damit auch niedrige Brücken unterquert werden können. Herausforderung war also zum einen eine klappbare Halterung und zum anderen die Form des sich nach oben verjüngenden Mastes.

Abhilfe schaffte für die Halterung ein in der Metallkiste gefundenes Metallteil und für den Mast ein aufgehobener abgesägter Pinselstil. Runde Pinsel, die ausgedient haben, säge ich grundsätzlich vor der Metall-Borstenhalterung ab. Sie können zum Umrühren von Farbe und natürlich, falls passend, als Masten verwendet werden.

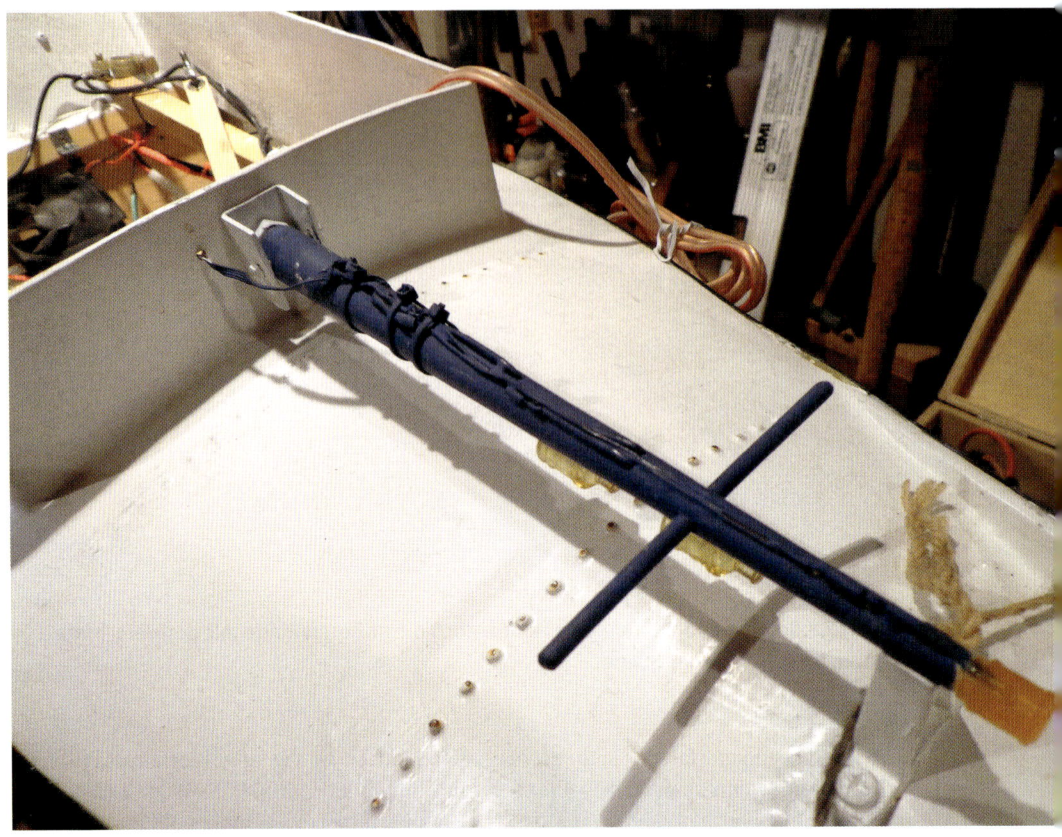

Der (umgelegte) Mast des Opduwers

Der verwendete Pinselstil stammt von einem 12er-Pinsel und verjüngt sich nach oben. Mit einer Querbohrung versehen passte er wunderbar in die Halterung. Eine Querbohrung brauchen wir auch oben, wo die Querstange durchgesteckt wird. Hier können dann nach beiden Seiten kleine Flaggen abgespannt werden.

Die Halterung wird vorne am Aufbau befestigt. Für die Drehverbindung sorgt eine M4-Schraube mit Stoppmutter. Im abgeklappten Zustand ruht der Mast auf einem kleinen Ablagebock – ein Kunststoffteil unbekannter Herkunft.

Lackiert und mit Lampen versehen sieht das Ganze schon richtig vorbildgetreu aus.

## Schornstein, Auspuff

Für den Diesel im Opduwer braucht es natürlich einen Auspuff, der die Abgase beim Fahren möglichst über den Skipper hinweg ableitet. Bei den Opduwern geht dieser senkrecht nach oben und ist oft sogar umlegbar.

Aus einem Tablettenröhrchen entstand das Auspuffrohr. Der obere Abschluss stammt von einer Kopfbedeckung einer Playmobil-Figur, das Gitter von einem ausgewechselten Wasserhahnsieb. Die Halterung mit Umlegefunktion ist ein Ersatzteil von Filtern unserer Dunstabzugshaube. Beim Auswechseln des Fettfilters bleiben jedes Mal eine Menge Kunststoffadapter übrig, die

Der Auspuff am Opduwer

natürlich in meinen Fundus wandern. Gut mit Plastikkleber verklebt und lackiert haben wir einen schönen Auspuff/Kamin zum Nulltarif.

## Luke

Viele Original-Opduwer haben auf dem Dach eine Luke, die einer der alten Streumaterialkisten oder einer Hundehütte sehr ähnlich sieht. Sie kann beidseitig geöffnet werden, um dem Motor Frischluft zuzuführen und die Wärme (und den schönen Klang) raus zu lassen.

Die Nachbildung am Modell ist denkbar einfach – zunächst. Die Maße der Schräge und der Dachkrümmung werden mittels Kartonschablonen und Messungen ermittelt. Vorbildfotos geben einen guten Anhalt über Größe und Aussehen. Die Teile werden aus Sperrholz ausgeschnitten und miteinander verklebt. Die zu öffnenden Dachluken bestehen aus dünnen Siebdruckplatten, damit sie wetterfest sind.

**Dieser Kamin/Schornstein auf einem kleinen Schubboot stammt von einem eckigen Umrührlöffel einer Nachspeise einer bekannten Fast-Food-Kette**

Die Teile für die Dachluke

Bei den Bullaugen für die Luken habe ich etwas „abgeschwächelt“ zu verlockend sahen die vier bereits fertigen ovalen Exemplare aus Kunststoff aus.

Deren Maß wurde auf die Dachplatten übertragen und mit der Trennscheibe ausgeschnitten und mit dem Schleifzylinder nachgearbeitet. Nach geduldiger Arbeit passten die vier Bullaugen in die Aussparungen und konnten lackiert und verklebt werden.

Jetzt kam das Schwierige: Wie können einigermaßen maßstabsgetreu die beiden Dachhälften geöffnet und bei Regen auch wieder verschlossen werden?

Bullaugenausschnitte in den Luken

Einigermaßen gut aussehende und damit sehr kleine Scharniere waren nun gefragt. Hier kamen wieder die Flächenscharniere der Modellflieger in kleinerer Ausführung als beim Ruder zum Einsatz. Sie wurden mit kleinsten Schrauben aus dem Modellbahnbereich verschraubt. Ein „Firstbalken" oben von Vorder- zu Rückseite aus einer kleinen Leiste bildet den Halt für die Scharniere.

Wenn Sie mit diesen Schrauben arbeiten, bohren Sie die Löcher immer vor. Die Schrauben sind sehr dünn und reißen „schon beim Anschauen" ab. Wie dünn (in der Regel unter einem Millimeter) vorgebohrt werden muss, hängt vom Material und der Gewindedicke ab. Probieren Sie erstmal auf einem Reststück, bevor Sie eine abgerissene Schraube aufwendig entfernen müssen.

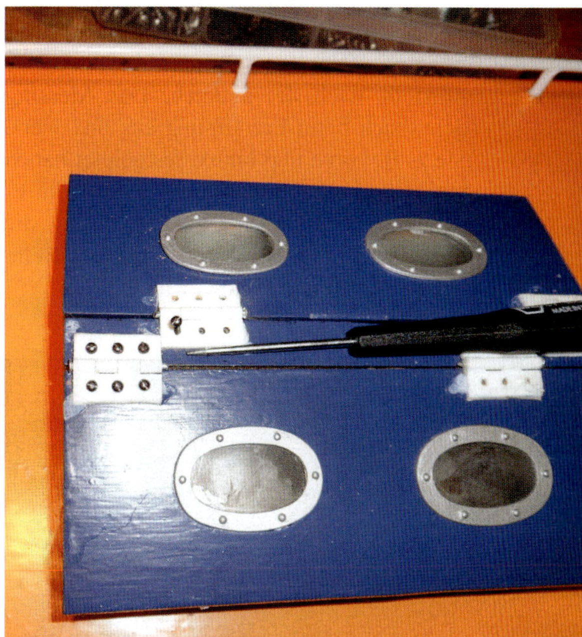

Verschrauben der Scharniere

Aufsteller aus Messingprofil

Zum Aufstellen der Luken während der Fahrt habe ich aus Messing-U-Profil kleine Aufsteller gefertigt und sie mit noch kleineren Drehzapfen aus Messing befestigt. Dabei verwendete ich die kleine elektrische Kappsäge von Proxxon, die mir schon oft gute Dienste geleistet hat.

## Reling

Die Reling am Opduwer ist eigentlich nur ein Geländer am Dach zum Festhalten. Entsprechend einfach war sie auch herzustellen. Sie muss allerdings stabil sein, da an ihr das Dach abgenommen werden soll und dabei die Reling noch dran bleiben muss.

Bei fast allen meinen Modellen verwende ich Schweißdraht in verschiedenen Stärken, der mit Holzklammern fixiert verlötet wird. Dazu brauchen wir einen starken Lötkolben mit etwa 150 Watt, Lötstelle gut reinigen, etwas Flussmittel (Lötpaste aus dem Baumarkt) drauf und weich verlötet. Der Opduwer brauchte stärkere Durchmesser für die Stangen und deshalb kamen Messingstangen zum Einsatz. Die Stützen mussten oben eine Hohlkehle erhalten, um das Geländer gut aufnehmen zu müssen und die Lötoberfläche zu vergrößern. In der Nähe der Lötstelle dürfen Sie nur Holzklammern (im Foto eine Spezialausführung) verwenden, die aus

Metall etwas weiter vorn dienen nur der Ausrichtung. Gehen Sie der Reihe nach vor. Eine Lötstelle nach der anderen. Das Messing dehnt sich beim Erwärmung aus und wenn Sie z. B. vorne und hinten festgelötet haben und dann in der Mitte weiter löten kann es passieren, dass durch die Ausdehnung die Messingstange einen Bauch macht. Beim Schweißdraht ist das noch wichtiger.

Das Dach wird orange lackiert und die Reling weiß. Das funktioniert soweit ganz gut, nur da nicht, wo beide Farben zusammenkommen. Hierfür hatte ich einmal einen Tipp in der Zeitschrift MODELLWERFT gelesen: Klebebandstücke werden auf einer Holzleiste platziert. Mit einem den Relingstützen entsprechenden Messingrohr (innen mit einer runden Schlüsselfeile etwas angeschärft),

Relingstützen

Die Relingstützen wurden im Dach noch quer verstiftet, da ich Befürchtungen hatte, sie sonst beim Abheben des Daches mit herauszuziehen.

Verstiften der Relingstützen im Dach

Löcher ins Klebeband stanzen

Zange und Hammer werden Kreise aus dem Klebeband ausgestanzt.

Nach Einschneiden vom Rand her können die Klebebandstücke unten um die Relingstützen auf dem Dach platziert werden und bilden so einen gleichmäßigen Rand beim Lackieren.

Gut abgeklebt sieht es nachher sauber aus

## Scheuerleisten

Sie dienen dem Schutz der Bordwand, wenn diese am Kai oder bei unseren Modellen am Beckenrand oder anderen Modellen scheuert. Scheuerleisten bestehen oft aus Holz oder Kunststoff, manchmal auch aus Gummi. Oft ist es auch nur ein stahlverstärkter Rand am Rumpf.

Für den Opduwer suchte ich lange nach entsprechenden Gummiprofilen, war aber nicht erfolgreich. Die Lösung brachte dann die Verwendung von ABS-Halbrundprofilen, die am Rumpf angeschraubt und geklebt wurden. Die Scheuerleisten haben des Öfteren Kontakt z. B. mit dem Beckenrand im Schwimmbad und müssen deshalb gut befestigt werden. Außerdem verdecken sie beim Opduwer den mir nicht schön gelungenen Übergang der beiden Farbschichten.

**Hier hat das Abklebeband (oder der Modellbauer) versagt. Die Scheuerleisten sollen auch diesen Bereich abdecken**

Nach Anzeichnen der Position am Rumpf mit einem Bleistift wurden die Profile zunächst mit Sekundenkleber befestigt. Anschließend bohrte ich mit einem 1-mm-Bohrer durch die Leiste in den Rumpf. Nach drei bis vier Löchern zog ich die Leiste vorsichtig wieder ab.

**Die feinen Bohrungen werden auf Schraubendurchmesser aufgebohrt und angesenkt**

Die Bohrungen in der Leiste wurden auf den Schraubendurchmesser aufgebohrt und die Leiste mit 2-K-Kleber und besagten Modelleisenbahnschrauben angeschraubt. Das habe ich immer abschnittsweise mit jeweils ein paar Bohrungen gemacht, damit die Scheuerleiste hinterher nicht einer Wellenlinie gleicht.

An den starken Krümmungen an Bug und Heck wurde mit einem Heißluftfön nachgeholfen, aber vorsichtig, sonst verformt sich das Profil so stark, dass es nicht mehr verwendet werden kann.

Zum Schluss wurden die überstehenden Reste der Schraubenköpfe abgefeilt und verspachtelt. Mit mattweißer Farbe wurden diese Bereiche nachgepinselt und die Scheuerleiste war fertig. Sie kam bisher bei den Treffen schon oft zum Einsatz und hält bisher ganz gut.

Dasselbe mit vorher schwarz eingefärbten Profilen passierte bei der Herstellung der zweiten Scheuerleiste am oberen Decksrand.

## Riffelblech

Das Riffelblech in der Plicht stammt aus fertigen Platten, die ich mit Bandsäge und Lotschere zugeschnitten habe. Die Platten werden nur eingelegt und verdecken ganz gut die vielen Schrauben der Wartungsdeckel.

Bei meinem Modell eines Tankleichters verwendete ich das bereits erwähnte Verpackungsnetz von Orangen. Es bildet aufgeklebt und lackiert ein schönes Rautenmuster. Schweißnähte sind mit Kleberraupen nachgebildet worden. Achten Sie auf die vorbildgerechte Größe der Noppen, Rauten usw. und darauf, dass das Ganze gut verklebt wird, damit es sich nicht wieder ablöst.

**Die abgefeilten Schraubenköpfe werden verspachtelt und nachlackiert**

Das Riffelblech in der Plicht des Opduwers wird mittels Papierschablonen zugeschnitten

Das Riffelblech auf dem Tankleichter aus einem Orangennetz

**Rechts sieht man das gekaufte Original und links das teilweise bearbeitete Teil**

Ein kleineres rutschfestes Arbeitsdeck kann auch mit Dekotüll dargestellt werden. Hier ist wichtig, dass beim Lackieren die Zwischenräume nicht wieder komplett mit Farbe gefüllt werden (verdünnte Farben verwenden).

## Steuerrad

Markantes Detail am Steuerstand ist das Steuerrad. Es ist im Original aus Holz und wirkt sehr filigran. Für unsere Modellschiffe gibt es schöne Steuerräder ebenfalls aus Holz in fast allen Größen zu kaufen. Aber mich hatte da schon wieder der Ehrgeiz gepackt, selber eines zu bauen.

Wir waren mit der Familie auf einem Weihnachtsmarkt und da sah ich es: Beim Stand mit dem Krippenzubehör gab es hölzerne Wagenräder mit Speichen. Sofort zwei von den Dingern gekauft.

Es fehlten also nur noch die äußeren Griffe und das wäre ein schönes Steuerrad. Natürlich war noch einiges an Arbeit zu erledigen, bis das Ergebnis sehenswert war. In der Bohrmaschine wurde das Rad mit einer Schraube als Achse mit Feile und Schleifpapier so bearbeitet, dass die Kanten abgerundet waren.

Anschließend wurden vorsichtig an den Außenseiten, gegenüber den Speichen kleine Löcher für die Aufnahme der Handgriffe gebohrt. Diese Handgriffe habe ich aus Holzstückchen gefeilt und eingeklebt. Allerdings habe ich später solche Griffe im Segelmodellzubehör gefunden und montiert. Die sehen viel besser aus als meine selbst gemachten. Ich betreibe den Selbstbau nicht bis zum Äußersten. Es gibt manchmal pragmatischere Lösungen.

Fertiges Steuerrad montiert

Montiert wurde das Steuerrad natürlich drehbar, damit die Besucher auch was zum Spielen haben, wenn sie das Modell schon anfassen müssen.

## Tür

Der Zugang zum Motorraum im Opduwer wird durch eine Tür verschlossen. Diese Tür wollte ich funktionsfähig am Modell nachbilden. Da es beim Vorbild alle möglichen Formen und Größen gibt, war ich in meiner Auswahl nicht eingeschränkt. Ich entschied mich für eine Tür ähnlich den Außentüren bei Schiffen, die mit Riegeln wasserdicht verschlossen werden können. Die Form mit abgerundeten Ecken gefiel mir am besten. Aus einer Epoxidplatte sägte ich mit der Bandsäge die Form aus und schliff nach. Dann wurde weiß lackiert. Eine Gummidichtung wie beim Original wurde durch eine schwarze Dichtungsschnur aus Gummi realisiert. Diese stammt aus Resten der Automobilzubehörindustrie und war bestimmt mal für einen Porsche vorgesehen. Mit Sekundenkleber fixiert und mit 2-K-Kleber endgültig wurde die Dichtung innen an der Tür befestigt.

Einfache kleine Scharniere aus dem Baumarkt, wie sie für die Fertigung von Holzschachteln verwendet werden, bilden die

Das Dichtungsgummi wird mit Sekundenkleber fixiert und mit 2-K-Kleber verklebt. Gerade in den Ecken muss dies sorgfältig geschehen

Türscharniere. An einer Türklinke oder Vorreibern zum dichten Verschließen der Türe arbeite ich noch. Sie entstehen sicherlich aus Messingprofilen, die gebogen und bearbeitet werden.

## Positionslichter, Beleuchtung

Viele Schiffsmodelle gleichen wegen der vielfältigen nautischen Beleuchtung und der Arbeitsleuchen mehr einem Christbaum als dem Vorbild. Sicherlich sind viele Lichter zu installieren, wenn man wirklich vorbildgerecht bauen will. Auf Schaufahren nervt es allerdings dann oft, wenn beim Nachtfahren alle Lichter auch eingeschaltet werden und einige Weihnachtsbäume auf dem See herumfahren. Was auch störend ist, ist die Helligkeit der Lampen und Scheinwerfer. Durch die Verfügbarkeit von superhellen und starken LEDs, die „natürlich" verbaut werden müssen, blendet das Licht unnatürlich und man kann oft gar nicht hineinschauen, ohne dass Sterne vor den Augen tanzen. Wenn man beim Nachtfahren dann sein Modell im Auge behalten möchte (und muss), tut man sich oft ziemlich schwer.

Positionslicht am Opduwer, mittlerweile mit Gebrauchsspuren

Genug mit der Kritik, wir bauen bei unserem Opduwer die notwendigen Positionslichter, das Ankerlicht und noch zwei Lampen am Mast zur besseren Erkennbarkeit ein. Und das mit Glühlampen und nicht mit LEDs. Bei alten Schiffen sind LEDs eigentlich fehl am Platz, da sie ein zu grelles und helles Licht machen (speziell die weißen LEDs). Eine LED ist eine lichtaussendende Diode (Light Emitting Diode), die in einem verschlossenen Plastikgehäuse untergebracht ist. Sie ist langlebiger und robuster als die Glühlampen und vor allem verbraucht sie viel weniger Strom. Deshalb wird sie zunehmend für Straßenbeleuchtung und auch zu Hause verwendet.

Für unsern Opduwer nehmen wir sogenannte Miniglühbirnen, wie sie im Modellbauhandel oder bei den Modelleisenbahnern zu bekommen sind. Sie machen ein schwächeres aber angenehmeres Licht und wirken beim Nachtfahren natürlicher.

Die Positionslichter (links rot und rechts grün) müssen nach hinten und zur anderen Seite abgeschirmt werden, da der Austrittswinkel des farbigen Lichtes nur 120° betragen darf.

Aus dünnen ABS-Platten schneiden wir die jeweils drei Teile aus und kleben sie zusammen. Beim Opduwer nahm ich einen Aluwinkel und ein Stück Alublech, beides klebte ich mit UHU-Endfest zusammen. Für das Kabel kommt in der Ecke ein kleines Loch hinein. Ein zweites vorne für die Befestigung. Die Abschirmbleche werden entsprechend innen rot und grün seidenmatt lackiert, außen beliebig. Die Lampenkörper aus Kunststoff habe ich irgendwann auf einer Modellbaumesse in einer Restpostenkiste gekauft. Ebenso die für die Beleuchtung am Mast. Sie werden vorsichtig mit einem feinen Pinsel auf Messinglampe getrimmt und über die mit Kabel eingesteckten Glühbirnen geklebt. Die Glühbirnen sind bereits rot und grün eingefärbt, sodass die Lampenscheiben klar bleiben können. Verwenden wir klare Lämpchen, dann

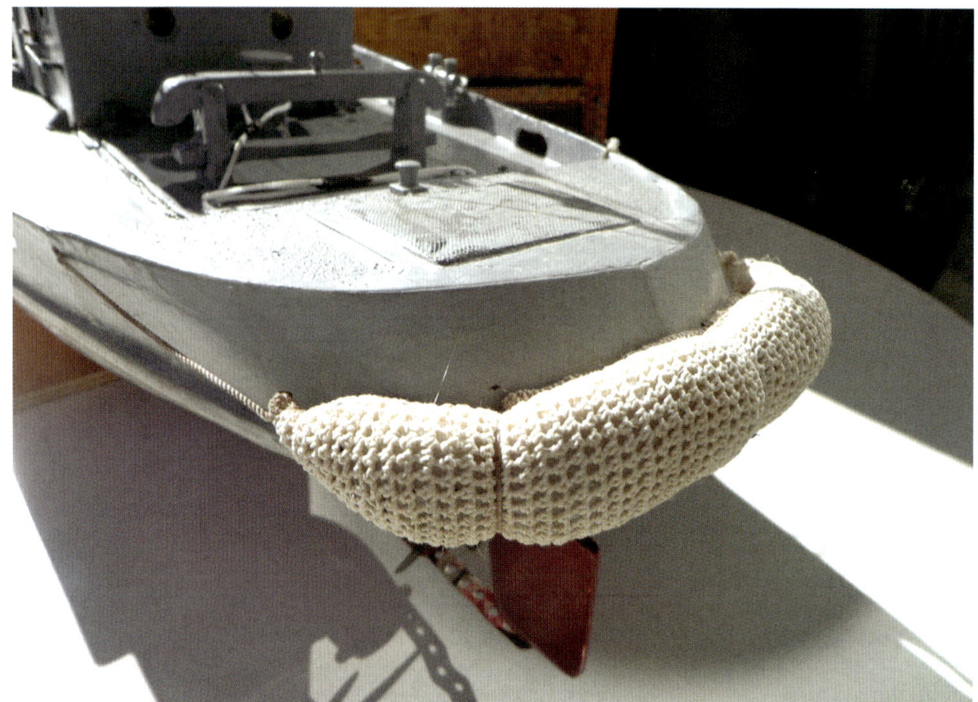

Selbst gehäkelter Heckfender am Schlepper - gut befestigt hält er einiges aus und schont Beckenrand, eigenes sowie andere Modelle

kann der Glaskörper von innen mit Glasfarbe aus dem Bastelbedarf passend eingefärbt werden.

Die Kabel werden nach innen geführt und entsprechend am Schalter und den Klemmleisten angeschlossen.

Ebenso wird mit dem Anschluss der Mastleuchten (zweimal weiß nach vorn) verfahren. Auch hier kommen wieder fertig gegossene Lampenkörper zum Einsatz, die mittels Farbe gestaltet werden.

Positionslichter wollte ich am Opduwer unbedingt haben, obwohl die meisten Vorbilder sie nicht hatten oder haben. Aber beim Nachtfahren, wenn das Modell weiter draußen ist, sind sie die einzige Möglichkeit, zu erkennen, wohin mein Modell fährt.

## Fender

Das sind die Dinger, die außenbords gehängt werden, damit die Bordwand nicht am Kai oder anderen Booten beschädigt wird. Die aus Plastik sehen wie im Original nicht besonders schön aus, sind dafür aber gut z. B. aus Überraschungs-Eiern oder aus Balsaholz usw. herzustellen.

Die „gehäkelte" Variante finde ich richtig gut. Für unsere Modelle gibt es sie im Zubehörhandel zu kaufen. Sie sind aber nicht gerade billig. Für einen großen Fender am Bug eines Schleppers darf man da schon mal 25 € auf den Tisch blättern. Manche Ehefrauen von Modellbauern lieben Ihren Mann so sehr, dass sie ihm (z. B. im langweiligen Nachtdienst) die Fender für seine Modelle (und die der Freunde) selbst häkeln. Diese Art von Fender habe ich an meinem Opduwer und am WK-II-Schlepper einsetzen können.

# Kapitel 14: Lackieren von Modellen

Auch darüber gibt es eigene Bücher, deren Inhalt hier nicht noch einmal wiederholt werden soll. Aber einige Dinge, die für unsere selbst gebauten Modelle relevant sind, werden im folgenden Kapitel angesprochen.

Zugegeben: Ein Lackierprofi bin ich nicht – vermutlich bin ich zu ungeduldig dazu. Ich mache es mir auch immer etwas einfacher und baue Arbeitsschiffe, deren Lack im Original und vorbildgetreu im Modell nicht fabrikneu und schon gar nicht glänzend aussehen muss. Zudem lackiere ich fast ausschließlich mit dem Pinsel, womit man gute Ergebnisse erzielen kann, wenn man einige Dinge beachtet.

## Der Lack

Wie bereits erwähnt brauchen Arbeitsschiffe wie unser Opduwer seidenmatte oder sogar matte Lacke. Im Baumarkt oder Farbengeschäft bzw. Modellbauhändler (wenn es etwas teurer sein darf) gibt es viele verschiedene Lacksysteme, die alle Vor- und Nachteile haben.

Hauptsächliches Unterscheidungsmerkmal ist das Lösungsmittel. Früher gab es Kunstharz- oder Nitro-basierte Lacke, die sich untereinander oder besser übereinander nicht vertragen haben. Das ist auch heute noch so. Zu kaufen bekommt man hauptsächlich die Kunstharzlacke. Verdünnung und Pinselreiniger (also auch Verdünnung) müssen extra

Diese wasserbasierten Lacke sind auch für Plastikmodelle geeignet

dazu gekauft werden. Es gibt sogenannte Universalverdünnungen, die in den meisten Fällen ausreichen.

Lange Zeit galt Wasser als Lösungsmittel als nicht ausreichend für vernünftige Lacke. Als Opel als erster Autohersteller wasserbasierte Lacke für seine Autos verwendete, sahen manche den Rost schon im Prospekt dieser Fahrzeuge. Aber die Qualität überzeugte und im Laufe der Jahre haben sich wasserbasierte Lacke und Farben flächendeckend in allen Bereichen durchgesetzt. Selbst für die Plastikmodelle sind nun – richtig gute aber teurere – Wasserfarben verfügbar.

Ein großer Vorteil der wasserbasierten Lacke ist vor allem, dass man die Arbeitsgeräte unter dem Wasserhahn reinigen kann. Auch hält sich die Geruchsbelastung erheblich in Grenzen, es kann sogar auf dem Wohnzimmertisch lackiert werden (theoretisch). Zudem vertragen sich wasserbasierte Lacke untereinander sowie mit Kunstharzlacken problemlos. Ich nehme Wasserlacke gern zum Grundieren und für Modellbereiche, die später mit Klarlack (seidenmatt) geschützt werden oder keiner größeren Belastung ausgesetzt werden.

Meine Erfahrung ist nämlich, dass die üblichen wasserbasierten Lacke nicht so gut für z. B. Rümpfe außen geeignet sind, da sie nicht hart genug werden. Das gilt für meine Erfahrungen, die nicht immer gelten müssen. Deshalb setze ich bei der Lackierung des Rumpfes auf einen Überzug mit Kunstharz-Klarlack oder gleich auf gute Kunstharzlacke.

Bei den Wasserlacken nehme ich eigentlich alles, was mir in die Finger kommt. Vor allem im Bastelbereich des Baumarktes finden sich kleinere und preisgünstige Gebinde mit interessanten Farbtönen. Hier gibt es z. B. das dunklere Rot für den Unterwasserbereich des Rumpfes, so wie ich es möchte – keine RAL-Töne (RAL ist das Normsystem für Farbtöne z. B. RAL 3000 feuerwehrrot). Die RAL-Töne bzw. alle weiteren Farben findet man dann in der Farbenabteilung des Baumarktes und natürlich im Farbengeschäft. In beiden ist das Mischen von speziellen Farbtönen (RAL oder nicht) möglich. In Letzterem sind die Beratungskompetenz und der Preis im gleichen Maß höher.

Aus dem Baumarkt verwende ich für belastbare Farben wie für den Opduwer die sogenannten Profi-DUR-Farben. Sie basieren auf Kunstharz, können wegen des Geruches sicher nicht im Wohnzimmer verarbeitet werden, brauchen ein paar Tage zum Trocknen und Durchhärten, ergeben aber eine schöne und relativ belastbare Oberfläche.

## Farbauftrag

Wir können die Farbe in der Sprühdose kaufen (mittlerweile auch gemixte Farbtöne und 2-K-Lacke) und diese dann mit mehr oder weniger Nasen, Tropfen oder Klecksen auf unserem Modell verteilen. Dabei muss das Modell akribisch abgeklebt werden. Vor allem die Bereiche wie Technik, bewegliche Teile und auch der Innenraum. Sonst mogelt sich der Sprühnebel genau dorthin, wo wir ihn nicht haben wollen. Wichtig ist vor allem eines: die Temperatur von Lack und Modell. Beides sollte zwischen 20 und 30 Grad haben. Die Luft darf – egal bei welchem Lack – nicht weniger als 5 Grad haben. Hier gibt es sicherlich Ausnahmen, diese Werte stammen aus der gängigen Literatur und decken sich auch mit meinen Erfahrungen. Sprühen nur im Freien und ohne Wind, Fliegen, Staub usw. – also praktisch nie! Gesprüht wird dünn und in mehreren Schichten, dann kann die Farbe nicht herunterlaufen und hässliche Tropfen bilden. Frühere Düsen der Sprühdosen mussten mit umgedrehter Dose frei gesprüht werden. Heute braucht es das kaum noch. Nach dem Lackieren wird die Dose wieder ins Eck gestellt und fertig.

Mit der Spritzpistole oder der kleinen Version, der Airbrush (Luftpinsel), lassen sich normale (passend verdünnte) Lacke auftragen und das in größeren Mengen und auf größeren Flächen. Auch darüber gibt es ganze Bibliotheken an Fachliteratur. Die Sache erfordert aber schon einiges an Wissen und Erfahrung, damit sich das Ergebnis sehen lassen kann. Zudem braucht es einen guten Kompressor und teilweise sündhaft teure

Die Ausrüstung für das Lackieren mit der Airbrush – eine teure Angelegenheit

Spritzpistolen. Jene müssen nach dem Arbeiten akribisch gereinigt werden und immer gut eingestellt werden.

Der Farbauftrag mit einer Schaumstoffrolle ist relativ einfach und liefert gute Ergebnisse, speziell auf größeren Flächen. Ein Bekannter hat sein Auto auf diese Art lackiert und man sieht es erst bei genauem Hinsehen.

Die Rollen gibt ist in verschiedenen Größen in unterschiedlicher Qualität. Die im Baumarkt erhältlichen Rollen taugen für das Lackieren unseres Opduwers ganz gut. Es gibt im Modellbaufachhandel auch kleinere Exemplare, die natürlich auch selbst aus Draht für den Halter und kleinen Schaumstoffröllchen aus dem Verpackungsbereich hergestellt werden können. Damit lässt sich dann z. B. auch die Reling lackieren.

Die Farbrollen können im entsprechenden Lösungsmittel ausgewaschen werden.

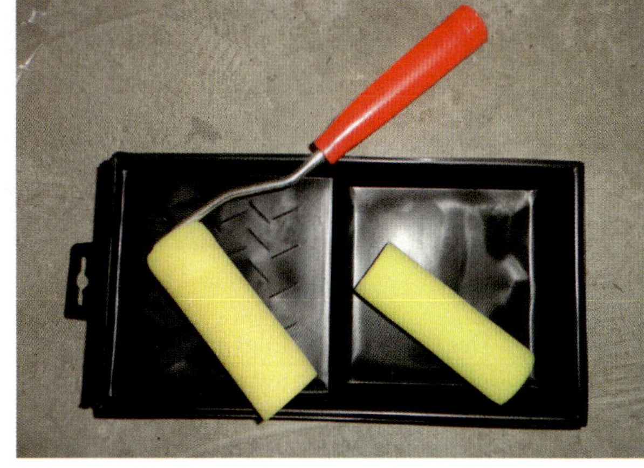

Schaumstoffrolle und Farbwanne eignen sich für große Flächen

Für den Farbauftrag brauchen wir dann noch eine flache Wanne aus der wir durch Rollen die Farbe aufnehmen können.

Der Farbauftrag geschieht im „Kreuzgang“, das heißt in mehreren Arbeitsgängen, die sich im 90-Grad-Winkel kreuzen.

Mein Favorit ist der Farbauftrag mit dem Pinsel. Hier erziele ich für meine Ansprüche auch auf größeren Flächen gute Ergebnisse, bei kleinen Flächen sowieso.

Wichtig ist ein guter Pinsel. Wählen Sie im Baumarkt das teurere Exemplar mit guten dünnen Borsten. Waschen Sie ihn mit Wasser gut aus und lassen ihn langsam trocknen (nicht auf der Heizung). Billige Pinsel strafen den Besitzer mit Borsten, die sich ständig lösen und im Lack bleiben. Für Grundierungen oder die Lackierung der Rumpfinnenseite oder das Auftragen von Harz beim Laminieren sind sie aber gut geeignet. Dafür verwende ich oft die billigen Pinselsets.

Farbauftrag beim Lackieren des Opduwerrumpfes – mehrere dünne Schichten sind besser

Guter Lack und guter Pinsel – die halbe Miete beim Lackieren

Der Farbauftrag erfolgt in der Regel in eine Richtung, und zwar mit relativ wenig Farbe. Die durch die Kapillarwirkung in die Borsten gesaugte Farbe reicht meist länger als man denkt und mehrere dünne Farbschichten ergeben eine bessere Oberfläche, als eine dicke. Zudem härten dicke Farbschichten oft nicht ganz durch (Fingernagelprobe). Hier zahlt sich Geduld aus.

Wichtig ist die Reinigung des Pinsels nach dem Lackieren und das möglichst sanft. Unter dem Wasserhahn bei wasserbasier-

ten Lacken kann man eigentlich kaum was falsch machen. Unter ausreichend fließendem Wasser so, dass die Borsten in Form bleiben, anschließend ausschütteln und auf einem Tuch ausstreichen – das war es schon.

Für das Auswaschen in Verdünnung wird die Verdünnung in ein sauberes (aus dem Glasmüll gerettetes Glas mit Deckel) gegeben und der Pinsel darin ausgewaschen. Dieses Reinigungsglas kann verschlossen einige Zeit aufbewahrt werden und immer wieder verwendet werden. Beim Auswaschen den Pinsel bitte nicht auf den Boden stoßen, sondern das Glas leicht schräg halten und den Pinsel an der Glasseite „quirlen". Damit bleiben die abgesunkenen Farbpartikel am Boden und werden nicht in den Pinsel gestoßen. Anschließend am Glasrand abstreifen und auf einem Tuch ausstreichen.

Dieses Ausstreichen entfernt Farb- und Lösungsmittelreste und der Pinsel behält seine Form. Verwenden Sie dazu alte aber immer saubere Lappen. Bei mir werden dazu die Löchersocken (Baumwolle!) nach dem Abnehmen von der Leine von meiner Frau aussortiert und beiseitegelegt. So habe ich immer kleinere saubere Lappen.

Bereiche, die keine Farbe abbekommen sollen, müssen abgeklebt werden. Am besten eignet sich Fensterabklebeband aus dem Baumarkt oder dem Fachhandel – mein Fa-

Richtiges Auswaschen eines Pinsels – immer am Glasrand, da sind keine abgesetzten Farbreste, wie am Boden

Durch das Ausstreichen auf einem Lappen behält der Pinsel seine Form

Abkleben und mit einem Messer nachschneiden

vorit. Es gibt inzwischen auch im Modellbaubereich eine große Auswahl an Klebebandvarianten, die die zwei wichtigsten Eigenschaften vereinen: gut abdecken, so dass keine Farbe sich unters Klebeband mogelt und Nasen gibt sowie nicht so fest kleben, dass beim Lösen die Farbe mit abgezogen wird.

In Grenzen können wir mit unseren Klebebändern auch Kurvenkleben. Sollten diese enger werden oder auch komplizierte Muster abgeklebt werden, dann klebe ich gerade ab und schneide dann mit einem scharfen Messer die Form heraus.

Als zusätzlichen Schutz erhalten alle Modelle einen Überzug aus seidenmattem Klarlack, meist auf Wasserbasis, wie er auch für Holz o. ä. verwendet wird. Es gibt speziell im Yachtzubehörhandel viele gute Klarlacke, die eine viel festere Oberfläche bilden. Sie sind aber teuer und vertragen sich nicht immer mit den verwendeten Lacken.

Also testen Sie immer vorher ob sich alle Beteiligten (Spachtel, Grundierung, Farbe, Klarlack) gut vertragen – ein Probestück erspart unter Umständen viel, viel Arbeit und Ärger.

Fertig lackiertes Modell

# Kapitel 15: Transport des Modells

Das Auto nach dem Modell kaufen – so müssen Sie es Ihrer Frau ja nicht unbedingt erklären. Besser so: Ein Kombi oder Van ist doch viel praktischer z. B. für das Urlaubsgepäck, den Wochenendeinkauf usw. Er sieht auch besser aus und kostet meist nicht mehr als eine Limousine …

Auch wenn Sie (noch) kleine Schiffe bauen, es kommt beim Besuch einer Messe (als Aussteller oder als einkaufender Besucher) oder auf der Fahrt zu einem Treffen immer eine Menge an Sachen zusammen.

Die Rücksitzbänke werden bei meinem aktuellen Opel Astra meist ausgebaut und die Lehnen umgelegt, so entsteht eine gerade Fläche zum Transportieren und sogar zum Übernachten (auf Treffen regnet es leider gelegentlich).

Die Transportkapazität kann man durch den Einsatz einer Dachbox erhöhen. Da können die Sachen dann beim Übernachten auch drin bleiben. In einer Dachbox können Zubehör, Werkzeug, Ladegeräte usw. gut untergebracht werden.

Das ist das richtige Auto für den Modellbau: Übernachten und Transportieren mit ausreichend Platz, leider fährt mein gutes Stück nach einem Unfall jetzt als Taxi in Afrika …

Die Modelle sind im Wohnwagen gut gebettet

Sie sollten aber keine Modelle in die Dachbox packen, außer vielleicht in entsprechenden Transportkisten. Achten Sie auch auf die Dachlast und zurren Sie den Inhalt gut fest. Sonst überholt Sie nach einem scharfen Bremsmanöver Ihr Schiffsmodell im Flug.

Modelle mit vielen Details im Auto mit dem anderen Gepäck zu transportieren, indem man sie einfach nur reinstellt, kann schmerzliche Folgen haben – vor allem für die Modelle. Zu leicht fällt z. B. der Schlafsack auf die mühevoll gelöteten Kräne des Stückgutfrachters. Und auch selbst bleibt man beim Ein- und Ausräumen fast immer irgendwo hängen und reißt ein Detail ab. Die Messe oder das Treffen beginnt statt mit der Begrüßung mit Einsatz des Sekundenklebers, um die Sachen wieder anzukleben.

Modelle, auch in Kisten, in einem Anhänger zu transportieren klingt erstmal verlockend. Aber die Sache hat einen Haken. Die Federung der meisten Anhänger kann mit der Ihres Autos nicht mithalten. Die Schlaglöcher usw. werden ziemlich ungefiltert an Ihre Modelle weiter gereicht. Da die Anhänger dann meist auch noch ziemlich leicht beladen sind, springen sie bei Unebenheiten regelrecht hoch, besonders bei hohen Geschwindigkeiten. Insgesamt bedeutet das eine Rüttelkur für Ihre Modelle mit mitgeliefertem Belastungstest aller Verklebungen usw. Transport auf einem dicken Schaumstoffpolster mit guter seitlicher Abpolsterung durch Kissen kann ich mir vorstellen. In unserem Wohnwagen transportieren wir oft die Modelle auf der Liegefläche des Ehebettes. Der Wohnwagen liegt relativ ruhig (höheres Gewicht und breite Spur) und die Matratzen des Bettes dämpfen die Stöße. Verwenden Sie aber eine wasserfeste Unterlage, sonst ist auf der Heimfahrt die Matratze nass von einem „Auslaufmodell", mit dem sie kurz vor der Heimfahrt noch eine letzte Runde gedreht haben. Ich verwende eine auf einer Seite alubeschichtete und damit wasserdichte Picknickdecke vom Discounter. Sie hält diese und auch andere Belastungen schon seit Jahren aus, zum Sonderpreis! Eine Folie tut es aber sicherlich auch. Polstern Sie die Modelle untereinander und gegen die Wände usw. gut ab. Schaumstoffreste und alte Sitzkissen von Gartenstühlen verwende ich gern. Schieben Sie vor allem schwere Modelle ganz nach vorn, damit sie beim Bremsen nicht nach vorne rutschen können und ein Loch in ihre Wohnwagen-Innenverkleidung stanzen.

Wir verwenden Stunden, Tage, Wochen und manchmal sogar Jahre auf die Fertigstellung der Modelle, da spielen ein paar Stunden mehr für die Anfertigung einer Transportkiste auch keine Rolle mehr.

Eine universelle Transportkiste gibt es kaum. Die Maße der Schiffe sind zu unterschiedlich. Jedes Schiff erhält am besten seine eigene Kiste und kann nicht nur beim Transport, sondern auch im Keller oder dem Dachboden dort sicher aufbewahrt werden.

Als Anforderungen für unsere Kisten ergeben sich: Die Kiste muss möglichst leicht sein, damit wir kein zusätzliches Gewicht schleppen müssen und trotzdem stabil, um nicht mit dem Modell beim Transport auseinanderzubrechen.

Als Baumaterial nehmen wir am besten 10 mm dickes Pappelsperrholz aus dem Baumarkt. Die Bretter können wir uns dort millimetergenau zuschneiden lassen und zahlen keinen Abfall. Vorausgesetzt, wir haben eine Skizze mit den richtigen Maßen gezeichnet. Dabei ist wichtig, wie die Eckverbindungen aussehen sollen. Muss an den Seitenbrettern die doppelte Brettdicke dazugerechnet werden und/oder an Boden und Deckel (meist „und"). Prüfen Sie vor Abgabe Ihrer Liste beim hoffentlich freundlichen Baumarkt-Zuschnitt-Spezialisten, ob die Maße stimmen. Sonst ärgern Sie sich und fahren ein zweites Mal hin (ist mir auch schon passiert). Meistens versuche ich, die Kiste mit den vorhan-

**Auch das kleine Rennboot bekommt seine Transportkiste**

denen Brettern trotzdem zu bauen und den Fehler irgendwie auszugleichen.

Passen die Bretter zum Modell und den Projektvorstellungen, dann können wir schon mit dem Zusammenbau beginnen. Für den Grundaufbau und kleinere Kisten genügt es, die Bretter mit kleinen Spaxschrauben 2,5×20 mm zusammenzuschrauben. Dazu die Bohrlöcher genau anzeichnen – wir haben nur die Brettkanten mit 10 mm zur Verfügung – und anschließend bohren. Die Abstände sollten zwischen 10 und maximal 20 cm betragen. Leichtes Ansenken ist gut, aber nicht unbedingt nötig. Wenn die Schraube „gut zieht", dann drückt sich der relativ kleine Kopf auch so ins Holz. Arbeiten Sie dabei am besten zu zweit auf einem ebenen Tisch. Eine Unterlage aus einer Lage faltenfreier Zeitung schont den Tisch und die Auflagefläche ist trotzdem eben. Die Leimkanten großzügig mit Holzleim versehen. Der hält in der Regel mehr als die Schrauben. Die Schrauben sorgen hauptsächlich für den Anpressdruck beim Leimen.

Bei größeren Kisten (ab ca. 60 cm Länge) können Vierkantleisten verschiedener Größen zur Verstärkung der Ecken und der langen Kanten am Boden und der Decke zum Einsatz kommen.

Zu beachten ist bei der Konstruktion zudem, wie das Schiffsmodell eingebracht und wieder entnommen werden kann. Die klassische Kiste mit oben liegendem Deckel ist problematisch. Das Modell kann nicht gut angefasst werden, da man praktisch am Modell vorbei langen muss, damit man den Bootsständer zu fassen bekommt. Mit Gurten oder Schnüren könnte man das Problem lösen – die Gefahr der Beschädigung des Modells ist bei dieser Lösung aber einfach zu groß.

**Bei entsprechender Länge lohnen sich Verstärkungsleisten, sie bringen Stabilität**

Die Kiste der Hammonia mit Acrylglasfront

Die meisten Modellbauer, mich eingeschlossen, bauen daher vorne einen aufklappbaren oder abnehmbaren Deckel ein. Jetzt kann das Modell im Ganzen von vorne eingeschoben werden, was auch kräfteschonender ist. Außerdem kann das Modell so auch präsentiert werden. Bei der *Hammonia*-Transportkiste verwende ich Schiebedeckel aus Acrylglas, die auf Ausstellungen auch zu bleiben können. Das Modell ist damit auch zu Hause staubsicher aufbewahrt.

Ein versenkter Griff ist richtig praktisch beim Beladen

Die Alustrebe an der Front sorgt für Stabilität. Die Kräfte werden beim Tragen vom Deckel an den Boden weitergeleitet

Tragegriffe gibt es fertig konfektioniert im Baumarkt. Man könnte auch selbst welche bauen, der Aufwand ist aber nicht jedermanns Sache. Wir brauchen klappbare Griffe, da sie beim Transport sonst im Weg sind. Insbesondere gilt das für den „Koffertragegriff" an der Oberseite der Kiste. Dieser muss komplett versenkt eingebaut werden, damit eine weitere Kiste oben draufgestellt werden kann und nichts anderes hängen bleiben kann.

Zu beachten ist auch, dass der Bereich um den Griff verstärkt werden muss, damit der Griff nicht ausreißt. Der bei langen Kisten verursachten Durchbiegung des Deckels mit Bruchgefahr kann folgendermaßen begegnet werden: an der Vorderseite wird ein abnehmbarer Steg vorgesehen, der die Kräfte nach unten leitet und so ein stabiles System darstellt. Bei der *Hammonia* besteht er aus einem Aluprofil, das lediglich durch Stecken zweier M4-Schrauben fixiert wird.

Bei Kisten mit stabilen Deckeln genügt oft nur ein Steckbolzen zwischen Deckel und oberem Brett, um die Kräfte aufzufangen.

Das rohe Holz wird konserviert, damit es auch einem Regenschauer standhält. Bei den doch großen Flächen innen und außen würden wir bei der Verwendung von G4 einiges an teurem Material verbrauchen, deshalb wird in der Regel nur der Boden innen und außen mit G4 gestrichen, da die Kiste oft in der nassen Wiese steht, bzw. Wasser vom Modell innen auf den Boden tropft. Der Rest erhält zwei Anstriche mit wasserverdünnbarer Möbel-Lacklasur aus dem Baumarkt (mit leichtem Zwischenschliff), was für eine glatte, grifffeste und ausreichend geschützte Holzoberfläche sorgt.

Zum Verschließen der Deckel können Sie kreativ sein und einen eigenen Riegel bauen oder die käuflichen Kistenverschlüsse aus dem Baumarkt verwenden. Ich verwende meistens Letzteres.

Der Aufwand für so eine Transportkiste lohnt sich meiner Meinung nach immer, Sie können viel mehr Modelle mitnehmen und sogar mit in den Urlaub. Das Urlaubsgepäck kann daneben oder darüber platziert werden – natürlich nur, wenn der „Familienvorstand" seine Genehmigung erteilt hat!

Beim Transport vom Auto zum Gewässer oder zum Messestand müssen wir mit unseren Modellkisten nebst Werkzeug, Fernsteuerung, vielleicht Batterie zum Nachladen der Akkus, nicht zu vergessen die Verpflegung und der Klappstuhl, oft einiges an Weg zurücklegen und das oft mehrmals, bis alles da

**Selbstbauanhänger mit passenden Plastikboxen**

ist, wo wir es brauchen. Wohl dem, der eine Transportkarre sein eigen nennt!

Dieser Transportwagen muss natürlich auch noch mit in das Auto rein passen. Dazu sollte zumindest die Deichsel zerlegbar sein.

Wir brauchen einen Kompromiss zwischen Größe und Handlichkeit beim Transport im Auto. Sie sollten die Größe der Grundplatte auch etwaigen vorhandenen Transportbehältern anpassen. Bei meinem Selbstbauanhänger orientierte ich mich an vorhandenen Plastikboxen.

Eine flache Bordwand genügt, sie soll ja nur das Herunterrutschen der Ladung verhindern. Möglichkeiten für die Befestigung von Expandern zum Fixieren der Ladung sollten auch vorgesehen werden. Dann kommen Sie auch mit allen Sachen am Gewässer an und haben nicht die Hälfte unterwegs verloren.

Die Deichsel muss stabil am besten aus Vierkantrohr gefertigt werden, ich habe die Führungsstange und die Halterung eines Dreirades verwendet. Die Halterung muss aber bombenfest verschraubt sein, sonst rüttelt sie sich los und der Wagen macht sich selbstständig, während Sie die Deichsel noch in der Hand haben. Stabil müssen auch die Räder und vor allem die Achse(n) sein.

Beim vorgestellten Selbstbauanhänger verwende ich eine von meinem Maschinenbaufreund Uwe auf der Drehbank gefertigte Starrachse, auf die Vollgummiräder aus dem Baumarkt aufgeschoben sind. Diese Konstruktion wie auch die Räder waren bereits im Fahrradurlaub über 100 km im Einsatz und haben sich auch für den Modellbauaufgabenbereich bewährt. Selbst zum Hausgebrauch eignet sich so ein Wagen, bedenkt man z. B., wie oft man schwere Sachen ums Haus herum transportieren muss, wie Streusalzsäcke mit 50 kg oder Blumenerde usw.

Ein Nachteil dieser Konstruktion, vor allem der Räder, darf nicht verschwiegen werden: Eine Federung ist praktisch nicht vorhanden. Das stört Autobatterien, Werkzeugkoffer oder Boxen mit Zubehör nicht. Auch die Kühlbox mit der Verpflegung kann damit gut leben. Ihr Modell mit den feinen Details wird darauf allerdings gut durchgeschüttelt und das Ergebnis wird nicht immer angenehm für Sie und das Modell sein. Diese Form der Anhänger ist also hauptsächlich für die schweren, unempfindlichen Sachen geeignet.

Besser ist die Verwendung einer Federung als schöne Herausforderung für den Selbstbauer oder wir nehmen Luftreifen, wie sie

So ein Fahrradanhänger geht sanfter mit Ihren Modellen um und ist „geländegängiger“

bei Kinderfahrräder, Fahrradanhänger oder Schubkarren verwendet werden. Die genannten Lufträder gibt es nebst den passenden Achsen in jedem Baumarkt. Sie sind aber nicht gerade billig. Deshalb habe ich im Internet Ausschau nach einem fertigen Fahrradanhänger mit Luftreifen gehalten. Das gefundene Exemplar kostete ca. 45 €, was für die Komponenten eines Selbstbauanhängers auf jeden Fall gerechnet werden muss.

Er besitzt große Räder, die leicht und gefedert laufen, sowie eine Deichsel, die auch (der eigentlichen Bestimmung folgend) am Fahrrad befestigt werden kann. Der Anhänger leistete auch beim Zeitungsaustragen meiner Tochter einige Zeit gute Dienste. Hier mussten einige Kilos teils im Winter transportiert werden. Eine passende Klappbox wurde mitgeliefert. Ich habe mir allerdings eine Kiste dazu selbst gebaut und mit einem flachen Deckel versehen, auf den dann die Modelle zum Transport gestellt und befestigt werden können.

Natürlich können Sie kaum einen Gurt um Ihr Modell, die Aufbauten usw. legen und diesen festzurren. Aber bei abgenommenen Aufbauten geht dies oft oder der Bootsständer kann wenigstens fixiert werden. Wenn dann die Auflagepunkte des Modells auf dem Bootsständer mit rutschfesten Mattenstreifen belegt sind, dann macht sich das Modell in der Regel nicht selbstständig – vorsichtig fahren, Anhänger schieben nicht ziehen, damit beim Fahren alles im Blick ist, dann klappt es!

Mein Trend geht zu Großmodellen – wohl dem, der einen Transportwagen hat!

# Kapitel 16: Fahrbetrieb

Dieses Kapitel hat zwar speziell mit dem Selbstbau nicht direkt tun, aber eben indirekt. Wenn wir unsere Modelle weitgehend selbst bauen, müssen wir zwangsläufig mehr Testfahrten einplanen. Die Gewichtsverteilung der Komponenten und des Ballastes, die Dichtigkeit (dauerhaft), die Abstimmung von Motor, Regler, Propeller usw. und nicht zuletzt die Betriebssicherheit unserer Fernsteueranlage, gilt es zu überprüfen und zu optimieren. Und dazu kann ich nur viele Testfahrten empfehlen.

Machen Sie Ihre Testfahrten an einem überschaubaren Gewässer, am besten nur knietief, damit sie reinwaten können und ihr Modell rausholen können. So ein Gewässer ist kaum zu finden. Also ein kleines Schlauchboot, ein Paddel, eine elektrische Luftpumpe (12 Volt!) in einer Notfallkiste immer mitführen. Im Falle des Falles können Sie Ihr Rettungsboot mittels Zigarettenanzünder und dem Gebläse (Pumpe) in wenigen Minuten klar machen und zum Havaristen rausrudern. Wer sowieso täglich für den Ironman trainiert und Vorsitzender des Eisbadeclubs ist, der kann natürlich auch schwimmen. Für alle anderen gilt: allzeit bereit! Denn: Schiffsmodelle fallen nicht im Sommer, wenn das Wasser warm und man die Badhose eh schon drunter anhat, aus, sondern wenn das Wasser eiskalt ist, es gerade dunkel wird, zu regnen beginnt, man einen wichtigen Termin hat, die Frau mit dem Essen wartet usw. Das Risiko eines Ausfalls ist natürlich in der Testphase am größten.

Natürlich geht auch ein anderes Modellboot, mit dem Sie Ihr liegen gebliebenes Schiff ans Ufer bugsieren können. Das funktioniert in der Theorie aber besser als in der Praxis. Schon gar nicht, wenn es ein anderer Modellbauer mit Ihrem Modell macht (Erfahrungssache).

Wichtig ist bei den Testfahrten auch ein Minimum (am besten gegen Null gehend) an Zuschauern. Mehr oder weniger gute Ratschläge und Kommentare braucht keiner, wenn er sich auf die Einstellung oder andere Dinge am Boot konzentrieren muss. Auch die vielgeliebten Fragen: „Wie viel kostet das?“, „Wie schnell fährt das?“ usw. brauchen wir da wirklich nicht.

Später, wenn wir gelassen mit unserem ausgereiften Modellschiff auf dem See schippern, dann können wir die Frage „Darf ich auch mal fahren?“ eventuell mit „Ja.“ beantworten.

Verabreden Sie sich mit anderen Modellbauern, dann macht es noch mehr Spaß. Durst bekommt man, ein Grill wäre auch nicht schlecht … Wir haben schon viele Vatertagsausflüge an Gewässer gemacht und haben vom Weißwurstfrühstück am Morgen bis zum Nachtfahren im Dunkeln den ganzen Tag mit Bootfahren, Fachsimpeln und lockeren Sprüchen verbracht. Nur das Wetter muss einigermaßen passen.

Eine Frequenzabstimmung mit anderen Modellbauern brauchen wir mit den

2,4-GHz-Anlagen nicht zu machen. Mit den Anglern müssen wir gut auskommen, am besten, wenn man das Gespräch sucht. Sie haben oft das Gewässer gepachtet und entscheiden, ob Sie dort fahren dürfen. An öffentlichen Gewässern dürfen wir unsere Modellschiffe in der Regel fahren, wenn kein Verbrennungsmotor eingebaut ist. Erkundigen Sie sich trotzdem, wie das Gewässerrecht in Ihrem Bundesland dies regelt und die örtlichen Gegebenheiten bestimmt sind.

## Urlaub mit dem Modellboot

Eine Flussreise auf der Altmühl mit dem Opduwer ist geplant. Die Altmühl wird von Bootswanderern und Kanufahrern ausgiebig genutzt. Deshalb finden sich am Ufer gut verteilt Zeltplätze, Campingplätze und Ausstiegsstellen bei Gasthöfen, Biergärten usw. Meine Idee ist es mit einem Schlauchboot mit bequemer Sitzgelegenheit und Platz für das Gepäck die befahrbaren Teile der Altmühl zu befahren und jeweils im Zelt zu übernachten. Das Schlauchboot wird an den

Der See in Gersthofen: Ein nahezu ideales Gewässer zum Modellbootfahren. Man kann mit dem Auto bis auf wenige Meter heranfahren, bequem ausladen und vor allem die Modelle gut zu Wasser lassen. Der See liegt mitten in einem Wohngebiet und ist im Sommer durch Badende belegt. Aber wann ist in Deutschland schon mal Badewetter?

**Der von Lothar Hildebrand (†) gebaute Bogdan vor dem Zuwasserlassen im „Schwäbischen Meer", dem Bodensee.**

Opduwer angehängt, der genügend Kraft und Wendigkeit bringt, um das Schlauchboot auch kurze Strecken stromaufwärts zu ziehen. Dies ist sogar im Einklang mit dem Gewässerrecht, wo ja nur die manntragenden Boote mit eigenem Antrieb der Genehmigungspflicht unterliegen. Die vielen Wehre machen mir allerdings noch etwas Sorgen. Dort muss das Boot mit Gepäck aus dem Wasser genommen werden, um das Wehr getragen und wieder eingesetzt werden. Ebenso das Modell. Aber auch dafür wird sich eine Lösung finden.

Der Gedanke ist schon verlockend: mit der Fernsteuerung in der Hand gemütlich im Boot den Fluss herunter fahren, gelegentlich anlegen, übernachten, dabei die Akkus aufladen. Ich werde darüber in einem Artikel in der MODELLWERFT berichten – versprochen!

Ansonsten können Sie Ihrem Hobby natürlich grundsätzlich auch im Urlaub nachgehen. Es kann ja auch nur ein kleines Modell sein, das mitgenommen wird. Ein kleiner Schlepper mit Fernsteuerung wiegt nicht viel und braucht ebenso wenig Platz. Selbst im Fluggepäck findet sich mit Gutwillen noch Platz dafür. Abends im Sonnenuntergang am Strand sitzen und ein (wellenfestes) Boot steuern hat was, und wenn die Gattin auch noch damit leben kann, ist eigentlich alles Glück des Mannes vereint …

**Mein Lieblingssee: Der Achensee in Tirol, kristallklar und „saukalt". Hier pflügt die Bugsier durchs Wasser, bemüht die Ruhe nicht zu stören …**

# Kapitel 17: Nachwuchs für den Schiffsmodellbau

Lassen Sie die Kinder fahren! Nicht mit den großen, schnellen, teuren, komplizieren Modellen, sondern mit den einfachen, selbst gebauten, robusten – also mit unseren Opduwern, wie wir sie in diesem Buch vorgestellt haben.

Ich habe unzählige Schweißtropfen vergossen, wenn ich Kindern oder Jugendlichen meine Fernsteuerung in die Hand gedrückt habe (auch bei Erwachsenen!). Aber die Freude und die strahlenden Gesichter haben das mehr als wettgemacht. Ich glaube, ich habe manchen Vätern und Großvätern auch den Geldbeutel etwas erleichtert, denn bestimmt haben einige der Kinder danach auch ein eigenes Schiff bekommen. Der örtliche Modellbauhändler müsste mir eigentlich lebenslangen Rabatt einräumen, so viele Leute habe ich zu ihm geschickt. Am besten wäre es, wenn Vater/Großvater mit dem Kind/Enkel zusammen den Baukasten oder das Selbstbaumodell bauen würden und so Modellbau praktizieren, wie ich es mir vorstelle – selbst bauen. Es geht natürlich auch ein sogenannter „Schnellbaukasten". Hauptsache es macht Spaß.

Erst bauen ... (AG Modellbau Mittelschule Meitingen)

**… dann fahren! (Schüler der AG am See in Nordendorf)**

Einfache Projekte für Kinder, Jugendliche mit schnellem Erfolg, Durchhaltevermögen, motorische Fähigkeiten usw. das ist es, was den Modellbaunachwuchs anspricht. Nicht nur die komplizierten Modelle in den Fachzeitschriften mit zig Funktionen und jedem nachgebildeten Niet, sondern auch die einfachen, die nur Spaß machen und an denen trotzdem viel selbstgebaut werden kann.

Vor allem müssen wir uns beim Modellbaunachwuchs von unserer teilweise übertriebenen Genauigkeit verabschieden. Dann ist das Teil oder die Lackierung halt etwas schief geworden oder in den Dimensionen nicht so passend. Oder es passiert beim Fahren ein (hoffentlich kleines) Malheur. Aber entscheidend ist, dass die Modelle weitestgehend vom Nachwuchs selbst gebaut wurden. Besser als „Handydisplayschieben“ allemal.

Und vergessen Sie nicht das Loben und die Verlaufsmotivation durch Fahrstunden mit Ihren Modellen am See und die Pausen mit Essen und Trinken und und und … Ich finde, glückliche und sinnvoll beschäftigte Kinder und Jugendliche sind es wert.

# Kapitel 18: Grenzen des Selbstbaus

„Man kann alles übertreiben.“, „Das gibt es doch zu kaufen!“, „Die Arbeit würde ich mir nicht machen.“, „Gekauft sieht es aber besser aus.“ … Wenn Sie diese reichlich unqualifizierten Sätze hören, machen Sie sich nichts draus. Die Grenzen des Selbstbaus setzen Sie selbst!

Umgekehrt genauso: wenn Sie keine Lust/Zeit o. ä. haben, ein Teil selbst zu bauen, dann nehmen Sie halt ein fertiges Teil. Manchmal bekommt man die Sachen (wie ich mit meinen Bullaugen für die Luke) auch umsonst und möchte sie nutzen. Manchmal lockt auch der schnellere Arbeitsfortschritt und gelegentlich möchte man sich auch mal etwas gönnen. Dann wird die wunderschöne Ankerwinde von xy-Modellbau im Internet bestellt oder auf der Messe gekauft. Unser Hobby muss uns Spaß machen und nicht den anderen.

Im Foto sind einige Details im Maßstab 1:22 gezeigt, wie wir sie zur Ausgestaltung für ein Schleppermodell gut verwenden könnten. Ich habe das ganze Teil für 2 € auf der Dampfmesse in Karlsruhe bei den LGB-Bahnern erstanden. Einige Teile davon könn-

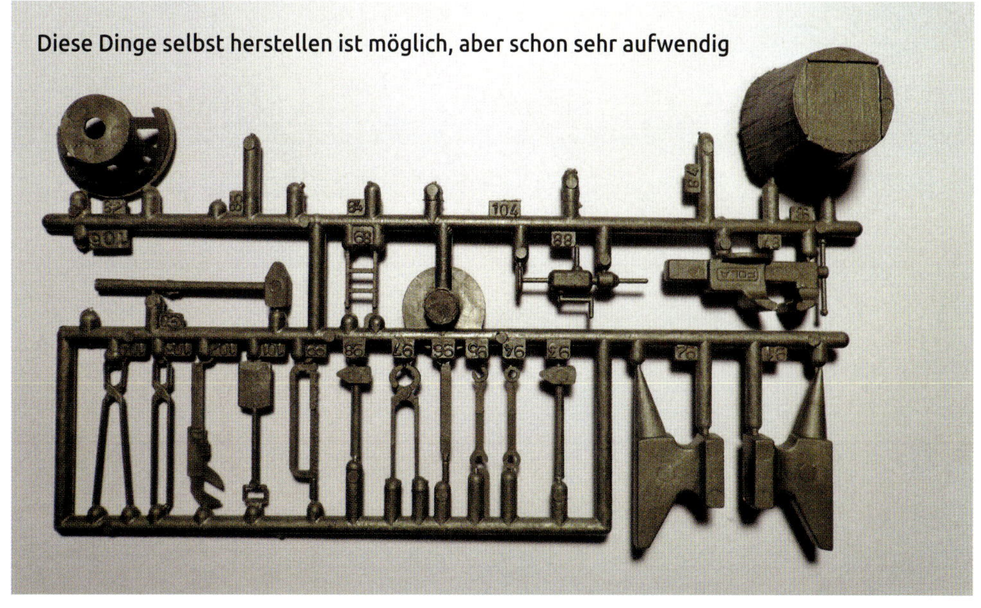
Diese Dinge selbst herstellen ist möglich, aber schon sehr aufwendig

te man schon selbst mit vertretbarem Aufwand herstellen (den Amboss oder den großen Hammer vielleicht), aber die filigranen Schraubenschlüssel oder die Bohrmaschine erfordern schon einen großen Aufwand (außer man setzt CAD, Fräs- oder Ätztechnik ein). Aber für 2 €? Da sind die Material- und Portokosten ja schon höher.

Also, sie haben die Entscheidung. Wie fast immer im Leben auch: Es kommt auf die (sinnvolle) Mischung an!

Noch eine Grenze setzt sich der vernünftige Selbstbauer selbst: wenn die notwendigen Techniken gefährlich sind oder nicht beherrscht werden. Ich z. B. habe es nicht mit dem Lackieren. Einen schönen Yachtrumpf werde ich nie hin bekommen, also lasse ich so ein Modell lackieren. Bei den Arbeitsschiffen, die ich ohnehin meistens baue, sehen meine „Lackierkünste“ sogar vorbildgerecht ausgebessert aus – passt also.

Falls Sie mit Maschinen arbeiten müssen, bei denen es gefährlich wird (beispielsweise mit einer große Kreissäge): horchen Sie in sich hinein, ob Sie das Risiko eingehen wollen (müssen) und gehen Sie vielleicht besser zur nächsten Schreinerei und lassen sich Ihr Hellingbrett für eine Kaffeekassen-Spende zusägen. Mit zehn Fingern ist es leichter, Modelle selbst zu bauen ...

# Nachwort, Ausblick

Jetzt sind wir am Ende dieses Buches angekommen. Es könnte noch ein paar hundert Seiten weiter gehen. Vieles hatte ich noch beschreiben können, so viel noch für wichtig gehalten. Nicht alle Aspekte des Selbstbaus konnte ich ansprechen. Ich hoffe, für Sie war etwas dabei und das Buch hat Sie nicht nur informiert, sondern auch ein wenig unterhalten. Wenn ich Fehler geschrieben habe, machen Sie mich gern darauf aufmerksam. Niemand ist perfekt, aber ich bin kritikempfangsfähig. Kontakt ist über die Redaktion des VTH möglich.

Wagen Sie den Selbstbau, er macht richtig Spaß! Es geht um ihre Zufriedenheit und Ihr Vergnügen dabei. Achten Sie nicht so sehr auf die oft kritischen Kommentare der „Experten". Es ist Ihr Hobby, Ihre Freizeit und nicht zuletzt Ihr Geld.

Ich hoffe, dass ich Ihnen mit diesem Buch auch etwas Mut gemacht habe, es einfach mal selbst zu versuchen. Eine gewisse Frustrationstoleranz gehört natürlich auch dazu, Rückschläge passieren, von ihnen darf man sich nicht zu sehr beeindrucken lassen und es muss ja nicht jeder wissen.

Vielleicht sehen wir uns auf einer Modellbaumesse oder auf einem Modellboottreffen, vielleicht in Friedrichroda in Thüringen, auf einem der schönsten Treffen, die ich kenne (Termin in der Regel am Wochenende nach Fronleichnam).

Sprechen Sie mich ruhig an, ich liebe neue Kontakte und gute Gespräche. Bis dahin!

# Bildnachweis

- Alle nicht näher bezeichneten Fotos stammen vom Autor selbst oder den benannten Freunden.
- Autorenbild: Peter Hübner
- Die Abbildungen der Minibahn-Augsburg stammt von der Homepage der Minibahn-Augsburg (Thomas Heigemeir) www. mini-bahn-augsburg.de
- Die Abbildung Nr. 81 ist von Norbert Brüggen (www. modelluboot.de)

tefan Tulodziecki

**uftkissenboote als odell**

tefan Tulodziecki teilt
n diesem Buch seine Er-
ahrungen und Messungen,
ibt Tipps für den Bau und
len Betrieb und zeigt auch,
vie man einige Luftkissen-
ootklassiker zu neuem
eben erwecken kann.

*mfang: 240 Seiten*
*bbildungen: 458*
*est.-Nr.: 310 2284*
*reis: 34,90 €*

Günther Slansky

**Binnenschiffe als Modell**

Günther Slansky stellt in diesem Buch die verschiedenen Typen und Verwendungszwecke vor – natürlich mit einem ausführlichen Exkurs zu den Raddampfern der Dresdner Flotte. Im zweiten Teil geht es dann detailliert um den Modellnachbau eines klassischen Frachtschiffs, einschließlich zahlreicher Sonderfunktionen.

*Umfang: 160 Seiten*
*Abbildungen: 250*
*Best.-Nr.: 310 2287*
*Preis: 29,90€*

Jürgen Behrendt und Stefan Schmischke

**Das Kutterbuch**
**Fischereifahrzeuge im Modell**

In diesem Buch werden Grundlegende Informationen, konstruktive Besonderheiten und vor allem Sonderfunktionen und Detaillierung erläutert. Bautipps für verschiedene Modelle, eine Übersicht über Bausätze und noch vieles mehr.

*Umfang: 176 Seiten*
*Abbildungen: 407*
*Best.-Nr.: 310 2276*
*Preis: 32,90 €*

Peter Davies-Garner

**Hafenschlepper**
**Vom Original zum Modell**

In diesem Buch beschreibt der Hafenschlepperspezialist Stefan Thienel die Besonderheiten der großen Vorbilder – und das ist weit mehr als nur reine Kraft. Unter anderem die speziellen Antriebssysteme und die hochentwickelten Winden, mit denen die Schlepper zur Erfüllung ihrer Aufgaben ausgestattet sind, werden hier umfassend beschrieben.

*Umfang: 112 Seiten*
*Abbildungen: 115*
*Best.-Nr.: 310 2274*
*Preis: 21,90 €*

ünther Slansky

**etails für arinemodelle**
**affenmodelle für den chiffsmodellbau**

erade die Vielfältigkeit
nd der Detailreichtum
er Bewaffnung machen
en besonderen Reiz von
chiffsmodellen der „Grau-
n Flotte" aus. Wie man
iese Ausrüstungsteile mit
iner normalen Werkstatt-
usrüstung detailliert dar-
ellt, ist das Thema dieses
uches.

*mfang: 192 Seiten*
*bbildungen: 245*
*est.-Nr.: 310 2246*
*reis: 24,80 €*

Thomas Hillenbrand

**Schiffsmodelle mit Dampfantrieb**
**Vom Original zum Modell**

Neben Eisenbahnen sind sie der Inbegriff historischer Technik: Dampfschiffe. Kein Wunder also, dass sie auch auf Modellbauer einen besonderen Reiz ausüben. Sein Modell nicht einfach mit einem Elektromotor anzutreiben, sondern noch originaler mit einer Dampfmaschine, ist der Traum vieler Technikfans. Wenn sich dann das Modell noch, eine Dampffahne hinter sich herziehend, über den Teich bewegt, ist die Begeisterung perfekt!

*Umfang: 296 Seiten*
*Abbildungen: 307*
*Best.-Nr.: 310 2290*
*Preis: 36,90 €*

Peter Davies-Garner

**Titanic, Olympic und Britannic**

In diesem Buch werden Modellbauern Informationen über die berühmten Schiffe der Olympic-Klasse und die dazugehörigen Modellbausätze für präzise Nachbauten der Schwesterschiffe an die Hand gegeben.

*Umfang: 80 Seiten*
*Abbildungen: 170*
*Best.-Nr.: 312 0045*
*Preis: 26,50 €*

Jürgen Gruber

**Elektrorennboote für Einsteiger**

Modellrennboote erfreuen sich großer Beliebtheit. Fertigmodelle mit kompletter Ausstattung, angefangen von der Fernsteuerung is zum Motor, Akku und Ladegerät sind genauso vertreten, wie diverse Bausätze in den verschiedensten Bootskategorien wie Monorumpfboote, Hydroplanes und Katamarane.

*Umfang: 88 Seiten*
*Abbildungen: 130*
*Best.-Nr.: 310 2218*
*Preis: 17,80 €*

Günther Slansky

**Faszination Schiffsmodellbau**

Günther Slansky ist ein Modellbauer, den gerade diese Vielfalt des Hobbys begeistert. In diesem Buch lässt er Sie teilhaben am Bau dieser Modelle und gibt bei jedem einzelnen Modell Tipps, wie besondere Herausforderungen gemeistert werden können.

*Umfang: 176 Seiten*
*Abbildungen: 290*
*Best.-Nr.: 310 2199*
*Preis: 22,80 €*

Peter Davies-Garner

**RMS Titanic**

Peter Davies-Garner beschreibt in diesem Buch den Bau eines sechs Meter langen Großmodells des berühmtesten Schiffes der Geschichte im Maßstab 1:48. Vor allem die ausführliche Beschreibung der verschiedenen angewandten Bautechniken macht es zu einer Pflichtlektüre für jeden ambitionierten Schiffsmodellbauer.

*Umfang: 256 Seiten*
*Abbildungen: 451*
*Best.-Nr.: 310 2216*
*Preis: 39,90 €*

Jörg Pfister

**RC-Wasserflugmodelle**

**Konstruktion und Optimierung**

Viele Probleme beim RC-Wasserflug liegen nicht unbedingt am Können des Piloten, sondern sind konstruktionsbedingt. Jörg Pfister zeigt, worauf es beim Eigenbau eines Wasserflugzeuges oder beim Kauf und der Optimierung eines Fertigmodells ankommt.

*Umfang: 144 Seiten, Abbildungen: 147*
*Best.-Nr.: 3102251, Preis: 23,80 €*

Günther Slansky

**Modellbau von Kriegsschiffen**

Nachbauten von Kriegsschiffen zählen für viele am Modellbau Interessierte zu den absoluten Highlights. Dies hat mit der besonderen Technik der Vorbilder zu tun und vor allem mit einem: Der Vielzahl an feinen Details, die es bei solchen Modellen zu bauen gilt.

*Umfang: 216 Seiten,*
*Abbildungen: ca. 300*
*Best.-Nr.: 3102265, Preis: 29,80 €*

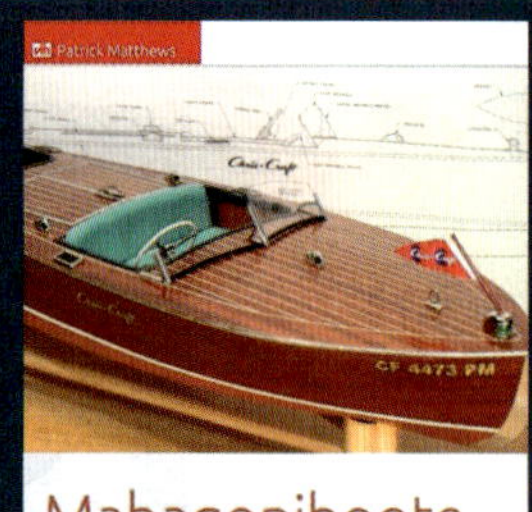

Patrick Matthews

**Mahagoniboote**

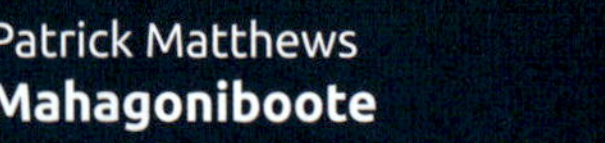

**Modellnachbau auf Bausatzbasis**

Patrick Matthews beschreibt in diesem Buch ausführlich alle Schritte zum Bau einer Mahagoniyacht auf der Basis eines Bausatzes und bewahrt so auch Ein-steiger vor den Klippen eines solche Baus. Aber auch erfahrene Modellbaue werden die umfassenden Tipps – vor allem im häufig gefürchteten Bereich d Finishs – zu schätzen wissen.

*Umfang: 144 Seiten, Abbildungen: 185*
*Best.-Nr.: 3102249, Preis: 23,80 €*